U0309813

生活中的
雾霾防治

SHENGHUO ZHONG DE
WUMAI FANGZHI

赵先美 著

暨南大学出版社
JINAN UNIVERSITY PRESS

中国·广州

图书在版编目（CIP）数据

生活中的雾霾防治/赵先美著. —广州：暨南大学出版社，2021.4
ISBN 978 - 7 - 5668 - 3133 - 0

Ⅰ.①生… Ⅱ.①赵… Ⅲ.①空气污染—污染防治—普及读物
Ⅳ.①X51 - 49

中国版本图书馆 CIP 数据核字（2021）第 065763 号

生活中的雾霾防治
SHENGHUO ZHONG DE WUMAI FANGZHI
著　者：赵先美

出 版 人：张晋升
责任编辑：潘雅琴　梁念慈
责任校对：苏　洁　王燕丽
责任印制：周一丹　郑玉婷

出版发行：暨南大学出版社（510630）
电　　话：总编室（8620）85221601
　　　　　营销部（8620）85225284　85228291　85228292　85226712
传　　真：（8620）85221583（办公室）　85223774（营销部）
网　　址：http://www.jnupress.com
排　　版：广州良弓广告有限公司
印　　刷：佛山市浩文彩色印刷有限公司
开　　本：787mm×960mm　1/16
印　　张：12.25
字　　数：200 千
版　　次：2021 年 4 月第 1 版
印　　次：2021 年 4 月第 1 次
定　　价：49.80 元

前　言

近年来，我国出现了持续时间长、面积大、较为严重的雾霾天气，直接影响到人们的身体健康和出行安全，影响到人们的正常生活，诸如$PM_{2.5}$（细颗粒物）、AQI（空气质量指数）等概念也为大众所热议。

雾霾是什么？来源于哪里？我们该如何应对？每一个经历过雾霾天气的人都有类似的疑问。本书即是给大家科普雾霾相关知识和预防对策，帮助大家科学防霾，尽可能减小雾霾对自身健康的影响。

雾霾天气带来的危害很大，其严重降低了空气的能见度，造成交通安全隐患，影响了人们的出行和日常生活。因此，每当出现雾霾天气时，高速公路和机场通常会关闭，不仅给人们的出行带来了诸多不便，而且造成了严重的经济损失。

雾霾中的悬浮颗粒物特别是$PM_{2.5}$会减弱地球表面的太阳辐射强度，甚至会引起局部的低温效应。同时，由于长期的雾霾天气导致太阳辐射强度减弱，使人类皮肤合成维生素 D 的能力降低，尤其容易导致婴幼儿佝偻病的多发，给人体健康带来较大危害。

雾霾天气会直接影响人们的身体健康、生产生活，引发人们心理恐慌。此时要及时有效地向公众提供相关信息，解答人们的疑问，还要提醒并引导人们防止吸入有害物质，将$PM_{2.5}$从实验室向社会公众普及，使 AQI 不再只是为环保和气象等部门技术人员所熟悉，而是变得家喻户晓，人人皆知。

我们既要提供最新信息，体现人文关怀，普及相关知识，又要疏导大众情绪，消除恐慌心理，使人们学会自我预防，避免因雾霾天气导致流行疾病、恐惧心理等不利因素的产生。

雾霾防治需要社会各界人士的共同努力，才有望从根本上消除雾霾天气所带来的影响。在雾霾笼罩之下，没有人可以独善其身。既然是同呼吸，那就要共命运。想拥有蔚蓝天空和新鲜空气，就必须从自身做起。除此之外，政府部门也应反思以往的经济发展模式，充分发挥舆论监督作用。这也有助于进一步深化公众对气候变化的认知，为提倡和推动全民环保行动打下更扎实的社会基础。及时传达政府政策和举措，提出倡议，动员社会力量，并促使群众响应号召，将政府应对气候变化的举措转化为自身应对气候变化的行动力。我们只有形成保护环境和节约资源的意识，改善产业结构、生产及生活方式，从源头上扭转生态环境恶化的趋势，才能拥有一个美好的家园。

本书介绍了有关雾霾的基础知识，阐述了雾霾已成世界公害的事实，分析了雾霾产生的根本原因、大气污染的主要来源，介绍了中国$PM_{2.5}$的现状及主要来源，中国、欧盟及美国的环境空气质量标准，空气质量指数分级、分类，雾霾对健康的影响及防护措施等。同时，本书还介绍了雾霾的具体危害，如危害人体健康（对儿童及老年人危害更大）、破坏环境等。

在雾霾天出行技巧部分介绍了口罩的相关知识及口罩的选择与佩戴等内容。详细介绍了雾霾天的出行技巧；雾霾天护眼、护发及护肤措施；雾霾天驾驶注意事项；雾霾天特殊人群的防护措施，以及雾霾天如何科学健身等。

室内防霾部分介绍了室内空气质量现状，空气净化器的原理、结构、分类、用途与选购和使用方法，以及一些清除室内霾气的方法，如科学通风、使用净化器、合理放置绿色植物等。

饮食防霾部分介绍了饮食养肺防雾霾、白色食物清肺养肺、夏季养肺宜清补、雾霾天的护肺良方、养肺饮食小秘方等内容。

书中还介绍了部分城市或地区的雾霾防治经验及对中国的启示，具体包括英国伦敦、美国洛杉矶、日本东京、法国巴黎、德国鲁尔工业区等地雾霾事件的成因及其具体治理措施和治理经验，以及对中国雾霾防治的借鉴启示等。

本书旨在普及雾霾防治知识，倡导绿色环保理念，适合对雾霾防治及环保感兴趣的普通大众，特别是广大青少年及老年读者阅读，也可作为各级各类学校的科普读物，还可作为公务员、企事业单位员工学习雾霾防治、环保防护等知识的参考用书。

本书兼顾不同受众，将生活中的雾霾防治技巧以通俗易懂的语言、图文并茂的形式展示给广大读者，具有科学性、实用性、思想性和可读性，力求科学地为大众普及雾霾防治与污染环保以及健康防护等知识，正确引导公众理性认识及科学地应对雾霾等污染问题，使各种雾霾防治措施深入人心。

　　本书的出版得到了暨南大学出版社潘雅琴副编审的支持与帮助，她的许多意见及建议为本书增色不少。本书由华南理工大学教授、博士生导师简弃非博士主审。在此一并致谢！

　　由于作者水平有限，书中疏漏或不足之处在所难免，恳请广大读者提出宝贵意见，以便今后进一步修订及完善。

作　者

2020 年 10 月

目 录
contents

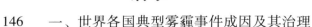

第一章　雾霾基础知多少

一、认识雾霾

1. 什么是雾

雾是由大量悬浮在近地面空气中的微小水滴或冰晶组成的气溶胶系统，是近地面层空气中水汽凝结（或凝华）的产物。大气中因悬浮的水汽凝结（或凝华），并使目标物的水平能见度降低到 1 000 米以内，这种天气现象就称为雾。

2. 什么是霾

霾是指大量细微的干尘粒等均匀地悬浮在空中，使水平能见度小于 10 000 米、空气普遍混浊的现象。我国部分地区也将显著影响人类活动的霾称为雾霾，其判识条件为能见度小于 10 000 米，排除降水、沙尘暴、扬尘、浮尘、烟幕、吹雪、雪暴等天气现象造成的视程障碍。相对湿度小于 80%，判识为霾；相对湿度为 80%~95% 时，根据地面气象观测规范规定的描述或大气成分指标进一步判识。

3. 雾与霾的区别

近年来，雾霾在我国已经成为与沙尘暴相仿的灾害性天气。雾和霾的形成原理不同，可从以下七个方面来区分。

（1）颜色不同。雾是由小水滴或冰晶构成的，由于其物理特性，散射的光与波长关系不大，因此雾呈乳白色或青白色。霾是由各种化合物构成的，由于其物理特性，散射波长较长的光比较多，呈黄色或橙灰色。

（2）含水量不同。雾是相对湿度（含水量）大于 90% 的空气悬浮物。霾是相对湿度（含水量）小于 80% 的空气悬浮物。相对湿度介于 80%~90% 的为雾霾混合物。

（3）分布均匀度不同。雾是由大量悬浮在近地面空气中的微小水滴或冰晶组成的气溶胶系统，是近地面层空气中水汽凝结的产物，雾在空气中分布不均匀，越贴近地面密度越大。霾的粒子较小，质量较轻，在空气中均匀分布。

（4）能见度不同。越接近地面的地方雾的密度越大，对光线的影响也越大，能见度很低，一般在 1 000 米之内。霾在空气中分布均匀，颗粒较小，密度较低，对光线有一定影响，但影响没有雾大，能见度较低，一般在 10 000 米之内。

（5）垂直度不同。雾由于小水滴或冰晶质量较大，受重力作用会贴近地面，厚度一般为几十米到几百米。霾粒子质量较轻，分布较均匀，厚度可达 1 000～3 000 米。

（6）边界明晰度不同。雾的范围小，密度大，对光线影响大，因此雾的边界明显。霾的范围广，密度小，颗粒较小，与晴空区有一定的过渡效果，但边界不明显。

（7）持续时间不同。形成雾的小水滴或冰晶在重力作用下沉向地面，大气温度升高也会使水滴蒸发，因此雾气的持续时间较短。形成霾的固体小颗粒一般不分解，不沉降，消解速度慢，持续时间长。霾是由数百种大气化学颗粒物质，特别是小于 10 微米的气溶胶粒子，如矿物颗粒物、海盐、硫酸盐、硝酸盐、有机气溶胶粒子等组成的，对人体的健康影响很大，而雾由悬浮在空中的微小水滴组成，过一段时间会降落到地面，对人们的生活和健康影响不大。在生活中，学会区分雾和霾这两种天气现象，对人们的活动安排和饮食调节有重要作用。

4. "霾"的预警信号

中国气象局于 2013 年 1 月组织专家讨论了"霾"的强度标准，把"霾"分为轻度、中度、重度三个级别，并分别以黄色、橙色、红色表示，按照这一标准发布"霾"预警信号。

2013 年 1 月 28 日，我国中东部地区出现了大范围的雾霾天气，导致空气质量持续下降。中央气象台发布"大雾"蓝色预警的同时发布了"霾"的黄色预警信号。从此，在中央电视台的气象预报节目里，增添了"霾"的天气图标——"∞"。

5. 雾的预警信号等级

如图 1-1 所示，雾的预警信号等级分为大雾黄色预警、大雾橙色预警、大雾红色预警。

（1）大雾黄色预警：空气相对湿度≥95%，200 米≤能见度＜500 米。

（2）大雾橙色预警：空气相对湿度≥95%，50 米≤能见度＜

200 米。

（3）大雾红色预警：空气相对湿度≥95%，能见度<50 米。

图 1 - 1　雾的预警信号等级图

6. 霾的预警信号等级

如图 1 - 2 所示，霾的预警信号等级分为霾黄色预警、霾橙色预警、霾红色预警。

（1）霾黄色预警。

①能见度<3 000 米，且相对湿度<80%。

②能见度<3 000 米，且相对湿度≥80%，115 微克/立方米<$PM_{2.5}$ 浓度≤150 微克/立方米。

③能见度<5 000 米，150 微克/立方米<$PM_{2.5}$ 浓度≤250 微克/立方米。

（2）霾橙色预警。

①能见度<2 000 米，且相对湿度<80%。

②能见度<2 000 米，且相对湿度≥80%，150 微克/立方米<$PM_{2.5}$ 浓度≤250 微克/立方米。

③能见度<5 000 米，250 微克/立方米<$PM_{2.5}$ 浓度≤500 微克/立方米。

（3）霾红色预警。

①能见度<1 000 米，且相对湿度<80%。

②能见度<1 000 米，且相对湿度≥80%，250 微克/立方米<$PM_{2.5}$ 浓度≤500 微克/立方米。

③能见度<5 000 米，$PM_{2.5}$ 浓度>500 微克/立方米。

图 1-2　霾的预警信号等级图

7. 隐藏在空气中的尘埃

空气，也叫大气，是指笼罩在地球外表面的一层气体，分布在距地球表面数千千米的高度范围内。空气实际上是一种混合物，它的成分很复杂。在空气中，除了几乎不变的恒定成分氮气、氧气以及稀有气体之外，还含有极微量的灰尘等悬浮物杂质。虽然悬浮物杂质在空气中只占0.1%以下，但它们的作用非同小可。如果没有它们，光线就不能被散射，地球就会没有光。然而，如果空气中的尘埃过多，尤其是含有有毒有害物质的尘埃过多，就会变得混浊，空气质量也会明显恶化。

8. PM_{10} 与 $PM_{2.5}$

PM 的英文全称是"Particulate Matter"，即颗粒物质。通俗来说，$PM_{2.5}$就是直径不大于 2.5 微米的颗粒物质。大气环境中的主要污染物称为总悬浮颗粒物（TSP），是指悬浮在空气中的空气动力学当量直径不大于 100 微米的颗粒物。其中粒径小于 10 微米的为 PM_{10}，即可吸入颗粒。TSP 和 PM_{10} 在粒径上存在包含关系，即 PM_{10} 为 TSP 的一部分。$PM_{2.5}$指环境空气中空气动力学当量直径不大于 2.5 微米的颗粒物，也称细颗粒物。由此定义可知，$PM_{2.5}$是PM_{10}的一种，它们也是包含关系，$PM_{2.5}$一般占PM_{10}的 70% 左右。

（1）PM_{10}的成分与特点。

PM_{10}又称可吸入颗粒物或飘尘，是飘浮在空气中的固态和液态颗粒物的总称。PM_{10}部分可通过人的痰液等排出体外，部分会被鼻腔内部的绒毛阻挡。颗粒物的直径越小，进入呼吸道的部位就越深。10 微米直径的颗粒物通常沉积在上呼吸道；5 微米直径的颗粒可进入呼吸道的深部；2 微米以下的颗粒物可完全深入到细支气管和肺泡。

（2）PM$_{2.5}$的成分与特点。

PM$_{2.5}$也称细粒、细颗粒、细颗粒物、可入肺颗粒物。它的直径还不到人的头发丝粗细的1/20，能较长时间地悬浮于空气中，其在空气中含量（浓度）越高，空气污染就越严重。虽然地球大气中PM$_{2.5}$的含量很少，但它对空气质量和能见度等有重要的影响。与较粗的大气颗粒物相比，PM$_{2.5}$粒径小，比表面积大，活性强，易附带有毒有害物质（如重金属、微生物等），且在大气中的停留时间长、输送距离远，因而对人体健康和大气环境质量的影响更大。PM$_{2.5}$的化学成分主要包括有机碳、元素碳、硝酸盐、铵盐、钠盐等。

（3）PM$_{2.5}$的组成及对人体健康的影响。

PM$_{2.5}$的组成及对人体健康的影响如表1－1所示。

表1－1　PM$_{2.5}$的组成及对人体健康的影响

组成成分	对健康的影响
颗粒物	刺激呼吸道，引起上皮细胞增生，使肺组织纤维化
金属（铁、铅、钒、镍、铜、铂等）	诱发炎症，引起DNA损伤，改变细胞膜的通透性，产生活性氧自由基，引起中毒
有机物	致基因突变，致癌，诱发变态反应
生物来源（病毒、细菌及内毒素、动植物屑片、真菌孢子等）	引起变态反应，改变呼吸道的免疫功能，引起呼吸道传染病
离子	损伤呼吸道黏膜，改变金属等的溶解性
光化学物（臭氧、过氧化物、醛类）	引起下呼吸道损伤

9. PM$_{2.5}$是形成雾霾天气的帮凶

大气中的PM$_{2.5}$由于太小、太轻，在空气中与水滴、冰晶等均匀地混合在一起，会长久地悬浮在空气中，很难沉降下来，而且它的浓度受到气象条件与地理环境的影响，存在着明显的季节变化和地域差异特征。

一般来说，我国北方地区的PM$_{2.5}$浓度通常高于南方地区，且在远离人为活动的森林和沿海地区则相对较低。在我国各地尤其是北方城市，$PM_{2.5}$的平均浓度在冬季最高，秋季与春季次之，在夏季则最低。这是由于冬天干旱少雨、风速缓慢，气象条件不利于污染物的扩散而导致的。尤其是出现"逆温层"的概率很大，空气的垂直、水平流动和交换能力明显变弱，大量的$PM_{2.5}$滞留在低空大气层中，并逐渐积聚而形成霾。而夏天潮湿多雨，有助于让雨水冲刷夹带在空气中的$PM_{2.5}$，使其沉降下来，大气中的尘埃总量会明显下降，因此，夏季$PM_{2.5}$浓度较低，不易于形成霾。

由此可见，形成雾霾天气的直接原因是空气中的污染物，尤其是$PM_{2.5}$和雾气无法扩散。它们聚集在一个小的区域范围内，相对浓度增加，再加上空气对流较弱，因而较容易形成霾。不过，在刮风时，空气对流明显增强，空气中的污染物尤其是$PM_{2.5}$和雾气很快被风吹散，$PM_{2.5}$的浓度会迅速降低，大气的自净能力加强，特别是雨雪过后的晴天空气湿润，大气中的一部分污染物，尤其是$PM_{2.5}$会附着在雨滴或雪花上被去除；而刮风又可以明显起到清洁空气、使大气污染物扩散的作用，因此，刮风、雨雪天气过后，雾霾天气会很快好转。

10. $PM_{2.5}$的来源

$PM_{2.5}$的来源非常广泛和复杂，除了火山爆发、森林火灾、飓风、土壤和岩石的风化等自然因素之外，更多的是由我们的经济活动与日常生活消费活动而产生。目前，能被确认的$PM_{2.5}$的人为来源有燃煤污染、汽车尾气污染、建筑工地扬尘、工业烟气与粉尘污染，以及人们不合理的生活消费活动等。

（1）燃煤污染。

煤炭作为我国的主要能源，其消费量在2018年占能源消费总量的59.0%，煤炭消费量增长1%。这不仅会消耗掉大量不可再生的一次性能源，而且还会产生$PM_{2.5}$等污染物。由于我国大多数燃煤设施的除尘设备效率较低，一般只能脱除粒径较大的颗粒物，无法阻挡像$PM_{2.5}$这样小的微细颗粒物进入大气，从而造成污染。而燃煤所产生的烟尘中多含有毒有害的重金属（如铅、铬、汞等）及多环芳烃等有机污染物，容易致癌或致突变，对人体健康危害极大。我国北方地区冬季取暖大多通过燃煤锅炉供热，产生的烟尘中夹杂着大量的$PM_{2.5}$，所以北方地区冬季的雾霾天气尤为严重。

（2）汽车尾气污染。

汽车尾气中含有大量的污染物已经是众所周知的事实，殊不知，汽车尾气中的微细颗粒物更是城市 $PM_{2.5}$ 的主要来源之一。其中，柴油车所产生的尾气中超过 92% 是直径在 2.5 微米以下的微细颗粒物，原油燃烧所排放的气体中 2.5 微米以下的微细颗粒物更是占到了 97%。此外，汽车的燃油，尤其是含硫量较高的汽油和柴油，以及汽车运行中车轮对地面尘土的反复碾压磨碎，更是增加了 $PM_{2.5}$ 的产生量。

（3）建筑工地扬尘。

扬尘指由于地球表面风蚀等自然过程，以及道路、农田、堆积场所产生的颗粒物，此外也包括如在建筑工地上因人为活动产生的颗粒物。其中，建筑工地扬尘、裸露地扬尘与道路扬尘也是 $PM_{2.5}$ 的主要来源之一。据监测和研究，仅在北京地区，扬尘占该地区 $PM_{2.5}$ 产生量的 10%。

（4）工业烟气与粉尘污染。

工业生产中所产生的烟气和粉尘同样是大气中 $PM_{2.5}$ 的主要来源。此外，燃煤锅炉和工业窑炉，以及冶金、建材、化工、炼焦、有色金属冶炼等行业所排放的烟气和粉尘，也是大气中 $PM_{2.5}$ 的主要来源。

11. $PM_{2.5}$ 的成分

$PM_{2.5}$ 不仅颗粒度极其微小，能够长期悬浮在空气中，而且其成分十分复杂，包含的化学成分达数千种。产生 $PM_{2.5}$ 的物质，有些自身就是各种各样的环境污染物的微细颗粒。由于 $PM_{2.5}$ 中的污染物大多是有毒有害的化学物质，有些甚至还致癌、致畸、致突变（简称"三致"），因而一旦被人吸入肺部，对身体的伤害特别大。

12. 如何监测雾霾

雾霾监测不是简单地对 $PM_{2.5}$ 或 PM_{10} 等可吸入颗粒物指数的监测。尽管二者有一定的相似性，但不能混为一谈。通俗来讲，PM 指数监测只能反映雾霾天气中颗粒物成分，无法全面显示包括二氧化硫等在内的众多气体污染物成分，仅靠测 PM 指数不能准确描述雾霾。因此，可以通过监测能见度的方法来监测雾霾。

能见度仪和湿度计搭配使用，当能见度小于 10 000 米时，如果湿度大于 90%，就是雾；湿度小于 80%，就是霾；湿度在 80%～90% 时，就是雾霾混合。当能见度下降时，天气情况逐渐从轻度雾（霾）过渡到重度雾（霾）。能见度的数据可以直接作为霾量化的依据。能见度仪是目前最常用于雾霾监测的工具。监测雾霾天气的能见度仪应该是透射式的，因为透射式能见度仪具有采样样本精度高的优点，不管是气溶胶还是颗粒物，透射式能见度仪都可适用，而且在低能见度端，透射式能见度仪的表现明显优于散射式能见度仪。

13. 气象条件对雾霾有什么影响

雾霾是发生在大气近地面层中的一种灾害天气，由于雾霾天气发生时空气能见度降低，会对社会经济及人民生活产生重要的影响。同时，雾霾天气发生时，大气气溶胶聚集在大气近地层，使得大气污染加重，空气质量下降，会对人体健康造成严重的危害。

（1）动力影响。

表面风和水平风垂直切变所产生的动力作用会对雾霾天气产生影响。表面风速与能见度之间的显著正相关表明，雾霾天气区域内的表面风速可通过水平输送对雾霾天气产生影响。当表面风速偏快时，向区域外的输送偏强，不利于雾霾的维持和发展，能见度变大；反之，表面风速偏慢时，有利于雾霾的持续发展，使得能见度变小。水平风垂直切变偏大时，雾霾天气区域上空对流层中低层的垂直混合偏强，有利于雾霾向高空扩散，减少在近地面的聚集，从而能见度变大。

（2）热力影响。

当对流层中低层大气层结构不稳定时，能见度变小，雾霾现象更加严重。当对流层中低层大气不稳定性减弱时，能见度变大，雾霾现象相对缓和。而当对流层中低大气层结构不稳定性增强时，雾霾天气区域易形成阴雨天气，而阴雨天气引起附近湿度增加，有利于水汽饱和并形成雾，使得能见度降低。同时，由于降水及其他过程引起的下沉气流，在近地层大气中不利于雾霾的扩散，助长了雾霾天气的持续发展。

雾霾天气最主要的影响因素是污染排放和气象条件两个方面，空气中存在污染物可能形成雾霾，但此时若气象条件适合污染物扩散，就不会形成雾霾天气。

应根据雾霾天气的强区域性和大气流动性进行有效规划，综合运用各种防治措施，进行区域联防和污染物协同控制，以有效应对雾霾天气，并达到最佳治理效果。

14. 一天中雾霾污染最严重的时段及原因

环保部门监测的数据显示，清晨 5 时至上午 10 时的雾霾污染最严重。午后污染物的浓度值会逐渐下降至谷底，夜间又逐渐上升，直至次日的清晨，呈周期性变化。因此，建议大家不要在此时间段外出晨练，尤其不要进行剧烈运动，应尽量减少外出，若必须外出则要佩戴好口罩。造成这个时间段雾霾严重的主要原因有以下两点。

（1）受逆温现象的影响。

大气逆温变化通常是从夜间开始，清晨达到最大，然后逐步减退，直到中午会消失。逆温现象会严重影响大气污染物的扩散，导致空气污染物累积，雾霾的污染程度随逆温现象而出现规律性变化。

（2）受污染物集中排放的影响。

早晨各种炉灶集中排放污染物，且机动车和行人出行密集，尤其是机动车的尾气排放量较大，废气污染和扬尘都比较严重。

二、雾霾已成世界公害

（一）我国雾霾的现状

十几年前，可能还有不少人不认识"霾"这个字，而现在，"雾霾"已被人们所熟知。近年来，特别是在秋冬季节，我国部分城市雾霾现象日趋严重，雾霾已成为一种常态性灾害天气。雾霾天气如图 1-3 所示。

图 1-3　雾霾天气

1. 雾霾面积较大

从 2013 年 1 月 28 日开始，我国中东部地区大范围受雾霾天气影响，空气质量明显下降，北京、天津、石家庄、济南等城市空气质量级别为"严重污染"，郑州、武汉、西安、合肥、南京、沈阳、长春等城市空气质量级别为"重度污染"。1 月 29 日北京市 $PM_{2.5}$ 平均浓度值为354 微克/立方米，主要污染物浓度相比 1 月 28 日明显升高，空气质量下降。根据中华人民共和国环境保护部卫星环境应用中心遥感监测，1月 29 日上午，雾霾主要分布在冀、豫、鲁、晋、苏等省和北京、天津、合肥、武汉、成都等城市，雾霾面积约 130 万平方千米。1 月 29 日凌晨，山东段部分高速能见度不足 30 米，被迫关闭。此时北京天安门广场上的民众在雾霾中观看升国旗仪式。2014 年 2 月 24 日傍晚，华北黄淮等地遭遇雾霾天，京津冀及周边地区更是出现重度霾，中央气象台发布 2014 年首个霾橙色预警。冀、晋东南、鲁西等地有中度霾，而京、津、冀中南、鲁西北、豫北、陕关中、辽中等地有重度雾霾。

2. 雾霾天气发生频繁

雾霾给人的感觉较温和，甚至有一种朦胧的美感。然而，气象专家指出，仅仅从其对交通和人们身体健康的影响上来看，看似朦胧的雾霾其实比暴雨、沙尘暴，甚至狂风和冰雹的伤害力都大。每一次雾霾发生，都会让被其笼罩的人们、交通甚至整个城市付出很大的代价。

城市越建越大，雾霾出现的次数越来越多，连续雾霾的时间也越来越长，这之间是存在必然联系的。许多严重的交通事故的发生都和雾霾有关，交通事故发生的主要原因是能见度过小、车速过快、车间距过小等。雾霾会造成严重的交通拥堵，如图 1-4 所示。

图 1-4 雾霾造成交通拥堵

雾霾还会引起"城市病"的发生，加剧城市公共危害。每到秋冬季节，抑郁症患者就会剧增。又因雾霾中有害颗粒物增多，且污染物不扩散，导致人们心血管与呼吸疾病的发病率明显上升。如果人体长时间处在雾霾天气中，会因长期无法得到太阳的普照而严重影响身体健康，尤其对正处于成长发育期的婴幼儿危害更大。

3. 北京遭受较重雾霾

2013 年 1 月，北京市出现了严重的空气污染现象。其中，1 月 27—30 日，达到了"重度污染"级别，1 月 29 日，北京市气象台发布霾黄色预警，除八达岭为重度污染外，其余各地都是严重污染，比 28 日污染更严重，各地空气质量指数均达 400，最高的达到了 456。据北京市气象台统计，2013 年 1 月份有 26 天为雾霾天气，只有 5 天无雾霾，为1954 年以来同期最多。2014 年 2 月 20—26 日，连续 7 天的重度雾霾天气是自 2013 年 1 月 1 日按照国家空气质量新标准开展空气质量监测以来，北京市雾霾持续时间最长的一次。据专家介绍，北京市此次重度雾霾天气来势迅猛，$PM_{2.5}$ 平均浓度从 30 微克/立方米增长到 300 微克/立方米，而且程度严重，全市范围均受重度污染，高海拔山区也不例外。

4. 珠江三角洲遭受较重雾霾

从 2009 年 11 月 23 日开始，广州上空灰蒙蒙一片，24 日番禺区发出了雾霾预警，28 日广州发出黄色雾霾预警信号，如图 1 – 5 所示。27日，整个珠江三角洲都伴有雾霾天气，能见度变小，只有 3 000 ~ 9 000米。这是珠江三角洲自 2008 年 10 月以来首次出现的大范围、区域性、持续多天的严重雾霾天气。相关部门数据显示，当天空气污染指数高达129，已属于"不适合人类居住"的空气质量等级。

2014 年 1 月伊始，广州又遭受雾霾天气，这次雾霾天气从 1 月 3 日开始，直至 1 月 7 日下雨后才散去。相关部门监测显示，广州的 $PM_{2.5}$浓度由 12 月 29 日的 58 微克/立方米，逐步上升至 1 月 3 日的 141 微克/立方米，1 月 3 日 31 个监测点空气质量指数为 124 ~ 237，属于轻度到重度污染，且以中度污染为主，有 12 个监测点出现重度污染。

图 1 - 5　广州雾霾天气

（二）国外雾霾事件

世界上绝大多数工业较发达的国家都曾遭受雾霾之害，雾霾是近代工业文明的有害附属物。巨大雾霾灾难的形成有两点前提：一是有害气体的大量排放，二是有利于雾霾形成的天气条件。

1. 伦敦烟雾事件

发生在 1952 年 12 月 5—8 日的英国伦敦烟雾事件是世界上著名的公害事件之一，如图 1 - 6 所示。该事件主要是由于冬季供暖燃烧煤炭致使大量的二氧化硫排放，再加上特殊的气象条件，致使空气中二氧化碳浓度急剧升高。12 月 5 日，高气压中心带挪到了伦敦上空，风速极慢，大雾降低了能见度，致使人们走路都非常困难；中午时分，烟的气味逐渐变得强烈，烟与湿气积聚在距离地面几千米的大气层里。12 月 6 日，浓雾几乎遮住了整个天空，伦敦处于反气旋西端；中午时分，温度降到 -2℃，同时相对湿度上升到 100%，大气能见度才不过几十米，所有航班取消，最有经验的司机也不敢驾车上路。当空气停滞悬浮在城市上空时，工厂锅炉、住家壁炉及其他冒烟的炉子仍源源不断地向空气中排放着烟雾。雾滴吸收烟雾中的二氧化碳和氮氧化物，再加上烟雾中存在的大量悬浮颗粒物，从而形成烟和雾的混合物。烟雾中所含有的二氧化碳具有较强的刺激作用和溶解性，当其与人的眼、鼻、喉黏膜相接触时，就会溶解黏膜表面的液体形成亚硫酸，加强其刺激作用，如导致人的眼睛红肿、流泪，还会引起咳嗽和呼吸道分泌物的增加。烟雾中的三氧化二铁促使二氧化碳氧化产生硫酸泡沫，凝结在烟尘上形成酸雾。12月7日和8日，伦敦天气仍没有好转，烟雾浓度更高，导致年老体弱者呼吸非常困难，甚至一些年轻人也感到不适，患有呼吸系统疾病的病人呼吸道症状更明显，伦敦大小医院人满为患，甚至许多病人因此死亡。

图1-6　伦敦烟雾事件

根据事后统计，在12月5—8日这几天，伦敦的死亡人数比常年同期多出至少4 000人。其中45岁以上的死亡者最多，为平时的3倍左右；1岁以下的儿童死亡数为平时的2倍左右。事发一周内，支气管炎、冠心病、肺结核及心脏衰竭死亡者分别为事发前一周同类疾病死亡人数的9.3倍、2.4倍、5.5倍及2.8倍。肺炎、肺癌、流感还有其他呼吸疾病的死亡人数均大幅增加。

事后调查数据显示，当时的尘粒浓度高达4.46微克/升，约为平时浓度的10倍；二氧化碳的浓度高达1.34微克/升，约为平时浓度的6倍。

10年后，伦敦再次发生了类似的烟雾事件，导致1 200余人的非正常死亡。直到20世纪70年代后，伦敦市内改用煤气和电力，并把火电站迁到城外，使城市大气污染降低了80%左右，这才摘掉了"雾都"的别名。

2. 洛杉矶烟雾事件

洛杉矶位于美国西南海岸，西面临海，三面环山，阳光明媚，风景宜人。因为金矿、石油的开采以及运河的开挖，加之优越的地理位置，导致人口剧增，并且迅速成为闻名遐迩的大城市。著名的好莱坞电影城和美国第一个迪士尼乐园就建在这里，商业、旅游业都非常发达。洛杉矶空前繁荣，纵横交错的城市高速公路上车水马龙，很快变成了拥挤不堪的汽车城。

从20世纪40年代初开始，每年的5—8月，只要天气晴朗，城市上空就会弥漫一种浅蓝色烟雾，使空气变得浑浊不清。洛杉矶在那时就拥有250万辆汽车，每天大约消耗1 600吨汽油，排出1 000多吨烃类化合物、300多吨氮氧化物和700多吨一氧化碳。另外，还有炼油厂、供油站等产生的燃烧物，这些化合物被排放到洛杉矶上空。汽车尾气中的烯烃类化合物和二氧化氮被排放到大气中后，在紫外线的强烈照射下，形成臭氧等二次污染物（见图1-7）。在上述种种因素的综合作用下，最终导致洛杉矶烟雾事件的发生。这种烟雾使人眼睛发红、咽喉疼痛、呼吸憋闷以及头昏、头痛。

经过近40年的治理，尽管洛杉矶的人口增长了3倍、机动车增长了4倍多，但该地区发布健康预警的天数却从1977年的184天下降到了2004年的4天。

图1-7 汽车尾气污染

一方面，地球正在变暖，即温室效应。另一方面，伴随大气污染以及雾霾逐渐加剧，地球正逐渐变得灰暗。科学家发现，在过去50年内，因为严重的雾霾污染以及气候变化致使到达地球表面的太阳光下降了

10%～20%，地球看起来变得昏暗了。这一现象再次提醒人们加强污染综合治理的重要性与迫切性。

（1）到达地球表面的阳光正在减少。

自20世纪50年代起，到达地球表面的阳光正逐渐减少，导致地球越来越暗。不同的地区，阳光减少的量也不尽相同，就全球来讲，在过去的40多年里，阳光量下降了10%。阳光减少会使地球的温度下降，这和温室效应不同，地球变暗引发的"冷却效应"可能会令科学家产生误解，而对温室气体引起全球变暖不够关注。科学家认为，地球逐渐变得暗淡可能是由于大气层中的浮质以及其他微粒增加所致，云中的小水滴凝结在微粒周围，致使云中含有更多的小水滴。反过来，这些小水滴会发生更强的反射作用，将更多的阳光反射回来。

（2）地球变暗与环境污染有关。

20世纪80年代，以色列与荷兰分别对地球变暗现象进行了深入研究，结果表明，随着新兴工业国家的兴起，化石燃料如煤炭、石油、天然气的消费也迅速增长，燃烧时向大气中排放了大量粉尘以及固体微粒，而这正是雾霾产生的主要原因（见图1-8）。此外，伴随全球变暖，气温的上升增加了云层量，光线被大气中的微粒与云层散射，而另外一些烟尘与化学物，如硫酸盐的微粒也会反射太阳光，从而减少了到达地球的太阳辐射。随着云层与微粒的增多，太阳辐射会越来越少，地球也越来越暗。科学家们认为引起全球变暗的因素是烟尘污染与悬浮在空气中的细小颗粒以及雾霾，是它们将太阳光反射了回去。

图1-8　工业废气

（三）我国各地雾霾现象分析

很早之前，西方国家已出现雾霾现象，由于我国工业化起步晚，环境污染问题出现得也较晚，直到 2013 年雾霾才引起公众的关注。如今我国的雾霾现象不断加重，已成为社会性问题，更成为全球关注的问题。

我国北方城市的颗粒物污染重于南方城市，如北京、太原、石家庄、天津和乌鲁木齐等地较严重，南方及沿海城市相对污染较轻，但有继续扩大的趋势。其中，城区污染重于郊区，交通要道两侧区域污染重于其他区域。

我国雾霾污染严重的地区主要分布在工业较集中的河北省，如石家庄、保定、邯郸、邢台等地。其中，石家庄市地处太行山东麓，太行山拦截了西部自然气流，使城市大气污染物无法及时得到扩散，加之人口密度大、工业废气大量排放，更加重了雾霾的程度。

东北地区的沈阳与长春等城市，由于地处平原，受城市小气候恶化和大气污染物排放量增加等内外因素的共同影响，也极有可能出现长时间的雾霾天气。城市上空水平方向静风现象不断增多，更加不利于大气污染物向城区外围扩展扩散。上海地区的机动车污染尤其突出，在内环路与中环各交叉口，车辆减速与怠速运行的时间长，加上燃油燃烧不充分，加大了废气排放量，变成大气颗粒物的直接来源。同时，受周边地区的工业污染物排放与焚烧秸秆等影响也较大，如图 1-9 所示。

图 1-9 上海雾霾天高空拍摄图

1. 北京地区雾霾天气分析

最近几年，随着城市化的发展与汽车保有量、能源消耗的急剧增加，北京大气悬浮颗粒物 PM_{10} 与 $PM_{2.5}$ 浓度有比较明显的上升趋势，而且最近几年风力大于 5 米/秒的天数明显减少，北京及周边地区的雾霾天气发生频繁。

2012 年 1 月，正值春运，北京的雾霾天气持续了将近 20 天，而 2013 年 1 月，雾霾天气持续了 24 天。雾霾天气的出现，对正常的工农业生产与交通运输造成了严重的影响，对城市居民的身体健康带来了极大威胁。越来越严重的雾霾天气不仅给北京造成了巨大的经济损失，而且对首都的国际形象也造成了非常大的负面影响。

分析其来源构成，北京 $PM_{2.5}$ 的 30% ~40% 来自原始排放，20% ~30% 来自大气中的光化学转化，30% ~40% 来自河北保定、石家庄等周边区域的污染。由于北京处于弱低压地区，周边的空气就要"挤"过来，所以北京复合了周边地区的一些污染。北京市虽然努力减少自身大气污染物的排放，但是无法解决周边污染物的排放与传输，目前仍难以改变"三分之一靠天，三分之一靠自己，三分之一靠周边"的局面。

现阶段，我国每年消耗煤超过 10 亿吨，仅火电发电量就占全部发电量的 82.54%。当年欧美工业革命用了 150 年才形成这样的格局，而我国只用了 30 多年就走过了这段历程。仅北京市每年的照明耗电就超过 50 亿千瓦/小时，相当于广东大亚湾核电站半年的发电量。

截至 2013 年 12 月底，北京市机动车的最新保有量已破 537.1 万辆。如果将这些车辆首尾相连，其长度已超过赤道周长的 3/4。机动车尾气排放是导致环境恶劣的重要污染源。尤其在人口密集的城区，机动车尾气的排放成为直接影响人类健康的最大污染源，随着城市机动车数量的迅速增加，机动车造成的污染在空气污染中所占的比重也越来越大。

2. 广州地区雾霾天气分析

近年来，广州雾霾日比重呈波动式下降趋势，且波动幅度略有减小，雾霾日的出现次数趋于稳定。

（1）广州雾霾总特征。

雾霾的形成、消散过程由气象条件、污染物浓度等多种因素决定。

广州雾霾呈季节性分布，非夏季发生，时间长，状态稳定。近年出现了15次以上持续5天的雾霾，大部分持续时间超过3天，且消散过程缓慢。在夏季发生，时间短，变化快，大部分在2天内完成生成和消散全过程，且由于大气状态变化快，常出现雾霾期与非雾霾期较快交替的情况。

（2）广州雾霾的成因。

广州形成雾霾天气的大气气溶胶主要来源于自然排放和人类活动，而且排放的气溶胶粒子总量大致稳定，而雾霾天气的决定性因素之一就是气象条件。在不同的气象条件下，同一污染源排放所造成的地面污染物浓度也会相差几十倍乃至几百倍，因为大气对污染物的稀释扩散能力因气象条件的不同而发生巨大变化。雾霾天气出现时，普遍都伴随着静小风、强日照以及较低的相对湿度。严重的雾霾天气全部都出现在边界层强逆温的情况下，逆温层限制其内的物质扩散与稀释。

据统计，广州市雾霾天气秋冬季多，春夏季少。由于秋冬季节冷空气活动频繁，广州市多位于变性高压脊内，空气干燥，气压稳定，风力微弱，地面附近灰尘、汽车尾气难以扩散或稀释，从而出现雾霾天气；而春夏季雨水充沛，雨水对空气中的灰尘等污染物起冲刷作用，不利于形成雾霾天气。

（3）城市化加速了霾的出现。

近年来，随着广州城市建设的迅猛发展，摩天大楼拔地而起，导致风流经城区时明显减弱。由于静风现象增多，不利于大气污染物向城区外围扩散稀释，因而在城区内积累了高浓度污染。现在广州一天有1/3的时间存在静风现象，污染物横向稀释减少，空气质量下降较快。气象条件是霾形成的必要条件，而大气污染物是霾形成的物质基础，两者结合才是霾形成的充要条件。

随着工业的发展，污染物排放与城市悬浮物日益增加，污染气体通过非均相化学反应转化形成气溶胶是形成霾的首要条件，也就是大气中的大量微小尘粒、烟粒等气溶胶粒子凝聚，直接导致能见度降低，整个城市灰蒙蒙一片。机动车数量的大幅度增加也使汽车尾气排放量急剧增加，交通要道的雾霾情况更加严重。

据调查，广州市雾霾期间大气中的 PM_{10} 化学成分以有机碳、硫酸盐、硝酸盐、铵盐、元素碳为主。广州市大气污染物的浓度逐年上升，雾霾天数也呈现逐年上升的趋势。

3. 雾霾的特征和规律

雾霾天给人们带来了极大的不便，但有些事情并不能因为雾霾而终止。由于雾霾始终保持变化，我们可以避开雾霾高峰，在雾霾影响最小的时候开展工作或出行。

（1）雾霾污染时间性较强。

一般大气颗粒物在一天中会呈现"双峰双谷"的变化趋势。傍晚到午夜会出现最高值，早上 9～10 点会出现次高值；下午 14 点左右会出现最低值，早上 6 点左右会出现次低值。雾霾天气大气污染物的变化与气象条件、排放源、日照强度等多种因素有关。

（2）雾霾的季节变化特征。

雾霾发生次数和季节变化具有较大的关系。我国大多数雾区秋冬季雾日最多，春夏季雾日较少。内陆地区冬季多为蒙古冷高压控制，所以内陆地区秋冬季雾多（见图 1-10），春夏季雾少。不过，在沿海地区，海洋上暖湿空气流到冷大陆上，容易形成雾。从冬到夏，冷气流减弱，而暖湿空气逐渐加强北上，因而沿海地区的雾逐渐北移。

图 1-10　冬天的雾

由于层积云、层云等的关系，高山区相对于周围地区雾天比较多。

在低洼处看是云，在高山处看就是雾。此外，空气遇到山脉阻挡沿山坡稳定爬升，因绝热冷却而形成雾。雾霾在冬季发生最为频繁，春季次之，夏季最少。冬季大气层较稳定，对流活动较弱，再加上冬季取暖燃煤烟尘排放量大，降雨量少，容易形成雾霾。而夏季降雨量多，雨水冲刷了空气中悬浮的灰尘和粉尘等颗粒物，有效减少了雾霾的形成。另外，夏季大气对流活动较强，使近地层污染物容易扩散稀释。

（3）我国雾霾的特征和发展趋势。

我国雾霾的空间分布呈现东多西少的特点，东部地区集中在长江中下游、华北和华南地区，并且大部分地区均为冬季多、夏季少，春秋季居中的特点。全国平均年雾霾天气日数呈现明显的增加趋势，尤其经济发达、人口密集的特大城市雾霾天气现象越来越严重。

三、谁是雾霾的"推手"

有人可能会疑惑，空气污染物越来越多，为什么雾霾天气只是在近期频繁爆发呢？如果说空气污染物的排放是"主谋"，那气象条件就是雾霾发生的"帮凶"。和大气污染有关的气象条件主要有风、逆温、气压、气湿等，这些因素都影响和制约着大气污染物浓度及其时空分布情况。

（一）影响雾霾的气象因素

1. 风

刮风时，废气排放的下风口地区相对其他方向来说受影响的程度更大，所以我们应该尽量避免处在污染源的下风口。风速决定了大气污染物稀释的程度以及扩散范围。人类排入空气中的大量废气在风的作用下会被输送到其他地区，风速越大，单位时间内废气被输送的距离就越远，混入的空气越多，废气浓度越低。在其他条件固定的情况下，废气浓度和风速成反比，风速越大，废气浓度越低。

风对污染物水平输送同样有稀释冲淡的作用。风速时大时小，时常出现无规则摆动，而这种无规则摆动可以使气体充分混合，有利于污染物的稀释与扩散，称为"大气湍流"，如图 1-11 所示。风速越大，湍流运动也会越剧烈。

图 1 - 11　刮风天气

近年来，随着城市建设的快速发展，摩天大楼鳞次栉比，其所带来的阻挡与摩擦作用使风流经城区时明显减弱。静风现象越来越多，不利于大气污染物的扩散与稀释，容易在城区内以及郊区周边积累，这些大气污染物的积累同样是形成雾霾的最主要因素之一。

2. 逆温

对流层大气的热量直接来自地面的长波辐射，大气温度随着高度增加而下降。高度每上升 1 000 米，温度下降6℃，如图 1 - 12 所示。即在数千米以下，总是高层大气温度低、密度大。对流层内的空气携带空气污染物从温度高的底层逐渐上升，上升过程要消耗能量，上层空气的温度就会降低，形成气温下高上低的自然状态。此时空气对流良好，温度的垂直分布不稳定，有利于污染物的扩散和稀释。然而，近地面大气的实际情况非常复杂，各种气象条件均可影响气温的垂直分布，在一定条件下，会出现气温随高度增加而升高的反常现象，气象学家们将这种现象称为"逆温"，如图 1 - 13 所示。

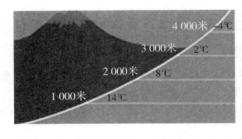

图 1 - 12　气温随高度增加而下降示意图

图 1 - 13　地形逆温

3. 气压

气压高低与空气污染物的扩散和稀释有着密切的关系，还与海拔高度、地理纬度和空气湿度等有关。地球上不同纬度地区所得到的太阳辐射量不同，因而气温高低也随纬度的变化而变化，气压也跟着变化。当温度升高时，空气受热膨胀上升，密度变小，形成低气压；反之，当温度降低时，空气受冷压缩，密度变大，形成高气压。大气总是由气压高的地方吹向气压低的地方，因此当地面温度高，受低压控制时，四周高压气团流向中心，中心的空气上升，形成上升气流，此时空气垂直分布呈现不稳定的状态，多为大风和多云天气，有利于污染物扩散和稀释；反之，当出现逆温现象时，地面温度降低，地面受高压控制，中心部分的空气向周围下降，呈顺时针方向旋转，形成反气旋，此时天气晴朗，风速小，不利于污染物的扩散。

通过以上气象因素分析得知，逆温现象风速小，大气稳定性高，相对湿度大，区域内特殊地形所产生的影响是导致区域地区受污染的重要原因。气象与污染这两个因素相互影响，相互作用，不利的气象条件可以使污染物在大气中不断累积，使污染加重；反过来，污染物浓度的增加也可以改变城市中温度和风的分布，使城市气象发生变化，因此不能将两者分开。

（二）控制雾霾的关键

雾霾是环境长期受到污染所造成的结果，治理雾霾是一个长时间的过程。我们可以从影响雾霾的多种因素中找到控制雾霾的关键。

1. 湿度和降水

大气中含水程度通常用相对湿度来表示。空气中水分多、相对湿度大时，大气中的颗粒物质因吸收更多的水分使重量增加，运动速度慢，气温低的时候还可以形成雾，影响污染物的扩散程度，使局部污染加重。大雨（雪）之后，空气格外清新，这是由于雨（雪）等各种形式的降水，可将大气污染物从空中清洗至地表面。降水净化大气的作用主要有两个方面。一方面，许多污染微粒物质充当了降水凝结核，然后随降水一同降落到地面。另一方面，雨水等在下降过程中，通过碰撞而捕获了一部分颗粒污染物。两者既发生在云中，也发生在云下降水下落的过程中。降雨可以减轻空气污染，阻止雾霾的形成。

2. 地形

地形可以影响局部的气象条件，从而影响当地大气污染物的稀释和扩散。在盆地与山谷地形中，晚上寒冷的空气沿着山坡聚集在山谷中，变成冷气团，其上层就有热气流。所以，山谷中就形成了上温下冷的逆温层。如果没有阳光直射或热风劲吹，这种情况可能会持续一整天，著名的马斯河谷烟雾事件与多诺拉大气污染事件的发生，地形逆温的形成起了十分关键的作用。人口密集的城市热量散发远远超过郊区，结果造成城区气温比较高，向郊外方向气温逐渐降低。假如在地图上绘制等温图，城区的高温部就像浮在海面上的岛屿，即"热岛现象"。热岛现象发生时，城市的热空气呈现上升状态，四周郊区的冷空气加以补充，可将郊区排放的污染物引入城市，加重市区的大气污染。

自 2012 年 11 月下旬以来，全国冷空气活动频繁，先后出现了 7 次大范围的冷空气运动，全国平均气温是近 28 年同期最低，出现了平均气温明显偏低，部分地区日最低气温达到历史极值，降温幅度大，低温持续时间长，雨雪增多，湿冷感受日益明显等特点。因为低温导致燃煤采暖排放量相应增加，大气污染日益严重。冷空气过后气温回升，容易形成"逆温现象"。逆温层就像是一个盖子覆盖在城市上空，这种高空气温比低空气温更高的逆温现象，使得大气层低空的空气垂直运动受限，致使污染物很难向高空飘散而被阻滞在低空与近地面。反观 2013 年 1 月，影响我国的冷空气活动相比常年偏弱，风速小，中东部地区稳定大气条件出现频率明显增多，特别是华北地区高达 64.5%，为近 10 年最高。静稳天气容易造成污染物在近地面层积聚。在污染物排放和气象条件的共同作用下，我国 2012 年冬季雾霾事件连续发生。了解这些，我们就可以在雾霾天气来临前规划好自己的行程，尽量避免在雾霾严重时外出，即便外出也可以选择在降雨过后。

四、大气污染物是"健康杀手"

在干净的大气中，微量的有害气体对人体并不构成威胁。不过，若在一定范围的大气中，出现了原本没有的微量物质，其数量与持续时间都有可能对人及其他动植物产生不利影响。当大气中污染物质的浓度达到有害程度，破坏了生态系统与人类正常生存及发展条件，对人或物造成危害的现象被称为"大气污染"。

大气污染的主要原因是人类活动和自然过程。自然过程包括火山活动、森林火灾（见图1–14）、海啸、土壤和岩石的风化以及大气圈的空气运动等。如火山喷发会向大气中排放巨量的浓烟、火山灰、硫和氮的氧化物。这些非自然大气组分进入大气，会使一些组分的含量大大超过自然大气中该组分本身的含量。

大气污染源主要来自以下三个方面：一是生活污染源，即炊事或取暖时向大气排放的有害气体和烟雾；二是工业污染源，即火力发电、钢铁和有色金属冶炼等各种化学工业给大气造成的污染；三是交通污染源，即汽车、火车、飞机、船舶等交通工具的烟煤、尾气排放。此外，来自农业生产过程的废气排放也形成了大气污染。当出现雾霾天气时，大气中的污染物比重提升，对人体的危害程度也大幅度提升，对儿童、老人以及孕妇的危害则更大。

大气污染物有100多种，按其存在状态可划分为气溶胶状态污染物和气体状态污染物。气溶胶指固体粒子、液体粒子或它们在气体介质中的悬浮体，按其来源和物理性质可分为粉尘、烟、飞灰、黑烟及雾等。粉尘指悬浮于气体介质中的细小固体颗粒。粒子一般为1～200微米，在一段时间内能保持悬浮状态，但也能因重力作用发生沉降。它通常形成于物理破碎等机械处理的过程或风所扬起的灰尘。烟一般指由冶金过程形成的固体粒子的气溶胶，为熔融物质挥发后生成的气态物质冷凝物，多为氧化产物。烟的粒子一般为0.01～1微米。飞灰是在燃料燃烧过程中产生的随烟气排出的分散较细的灰分。黑烟是由燃料燃烧产生的能见气溶胶。雾是气体中液滴悬浮体的总称，在气象学中指造成能见度小于1 000米的小水滴悬浮体。在工程中，雾一般泛指小液滴粒子悬浮体，是由液体蒸汽凝结、液体雾化及化学反应等形成的水雾、酸雾等。气体状态污染物主要有氮氧化物、硫氧化物、碳氧化物以及烃类化合物等，大气中还含有一些其他污染物。随着人类不断开发出新的物质，大气污染物的种类与数量也将发生变化。

1. 氮氧化物

氮氧化物包括氧化亚氮、一氧化氮、二氧化氮、三氧化二氮等，是氮的氧化物总称。其中，二氧化氮毒性最大，它比一氧化氮毒性高4～5倍。大气中氮氧化物主要来自汽车尾气、煤以及石油的燃烧废气。氮氧化物对人的呼吸器官有刺激作用。它较难溶于水，因而可侵入人体呼吸道深部细支气管及肺泡，并缓慢溶于肺泡表面的水分中，形成亚硝酸、硝酸，对肺组织产生较强烈的刺激与腐蚀作用，导致肺水肿。当污染物以二氧化氮为主时，对肺的损害较明显，支气管哮喘与二氧化氮也有一定的关系；当污染物以一氧化氮为主时，会引起高铁血红蛋白症，对中枢神经系统的损害较明显。空气中二氧化氮浓度和人体健康密切相关，如人短时暴露在高浓度的二氧化氮中就会引起死亡。1929年5月15日，在美国一所医院发生的一次火灾中，有124人死亡，主要因含有硝化纤维的感光胶片着火产生大量二氧化氮而造成。

2. 硫氧化物

硫氧化物包括二氧化硫、三氧化硫、三氧化二硫、一氧化硫等，是硫的氧化物总称。其中，二氧化硫是一种无色伴有刺激性气味的气体，属于一种常见的大气污染物，如图1-15所示。二氧化硫主要来源于含硫燃料（如煤和石油）的燃烧、含硫矿石的冶炼以及化工、炼油、硫酸厂等的生产过程，二氧化硫对人体的危害主要表现在以下三个方面。

第一，刺激呼吸道。二氧化硫极易溶于水，当二氧化硫通过人体的鼻腔、气管、支气管时，多被管腔内膜水分吸收滞留，变成亚硫酸、硫酸以及硫酸盐，使刺激作用增强。

图1-14　森林火灾造成污染

图1-15　硫污染

第二，二氧化硫与悬浮颗粒物结合具有毒性作用。二氧化硫与悬浮颗粒物一起进入人体，气溶胶微粒可以将二氧化硫带到肺的深部，导致毒性增加 3～4 倍。此外，当悬浮颗粒物中含有三氧化二铁等金属成分时，能使二氧化硫氧化成酸雾，以便吸附在微粒表面，被带入人体呼吸道深部。硫酸雾的刺激作用比二氧化硫大 10 倍左右。

第三，二氧化硫具有促癌作用。动物实验表明，10 毫克/立方米的二氧化硫可加强致癌物苯并芘的致癌作用。在二氧化硫与苯并芘的结合作用下，动物肺癌的发病率高于单个致癌因子的发病率。硫氧化物还可造成硫酸型烟雾、酸雨以及雾霾等大气污染现象，甚至会带来更严重的污染。

3. 一氧化碳

一氧化碳是一种无色、无味、无刺激性的有毒气体，几乎不溶于水，在空气中不容易与其他物质产生化学反应，能够在大气中滞留很长时间。一氧化碳是煤、石油等含碳物质不完全燃烧的产物。火山爆发、森林火灾、矿坑爆炸及地震等也可造成局部地区一氧化碳浓度增高。吸烟也是一氧化碳污染的来源之一。当空气中一氧化碳浓度到达一定值时，就会引起人体的各种中毒症状，甚至死亡。随着空气进入人体的一氧化碳，在经过肺泡进入血液循环后，可以和血液中的血红蛋白等结合。一氧化碳和血红蛋白的亲和力比氧和血红蛋白的亲和力要大 200～300 倍。当一氧化碳侵入人体后，便会很快和血红蛋白结合而形成碳氧血红蛋白，阻碍氧和血红蛋白结合成氧合血红蛋白，最终因缺氧导致一氧化碳中毒。当人体吸入浓度为 0.5% 的一氧化碳 20 分钟以后，就会出现脉弱、呼吸急促等中毒症状，最后衰竭死亡。长时间接触低浓度的一氧化碳，会对人体心血管系统、神经系统等产生一定影响。

4. 烃类化合物

大气中的烃类化合物通常是指可挥发的各种有机烃类化合物，如烷烃、烯烃以及芳烃等。大气中的烃类化合物大部分来自植物的有机分解，人工来源主要是石油燃料的不完全燃烧以及石油类物质的蒸发。其中汽车尾气排放占据主要比例，石油炼制（见图 1－16）、石化工业、涂料、干洗等也都会产生烃类化合物。人工排放的烃类化合物尽管排放量有限，但其对环境的影响不可忽视。如多环芳烃（PAHs）中的苯并芘就是一种强致癌剂，食品的油炸过程、抽烟都会产生苯并芘，苯并芘的更大危害还在于在烃类化合物与氮氧化合物的共同作用下形成的光化学烟雾。

图 1 - 16　石油炼制

5. 悬浮颗粒物

在空气动力学和环境气象学中，是按直径大小将颗粒物进行分类的，粒径小于 100 微米的称为总悬浮物颗粒，粒径小于 10 微米的称为可吸入颗粒物（PM_{10}），粒径小于 2.5 微米的称为可入肺颗粒物（$PM_{2.5}$）。可吸入颗粒物由于其粒小体轻，可以在大气中长期飘浮，飘浮范围从几公里至几十公里，并在大气中不断蓄积，致使污染程度逐渐加重。可吸入颗粒物也是雾霾的主要成分，许多病毒、细菌及有害气体全部依附在可吸入颗粒物上。

气象专家和医学专家认为，粒径在 10 微米以上的颗粒物，会被拦截在人的鼻子外；粒径在 2.5 ~ 10 微米的颗粒物，可以进入人体上呼吸道，部分能通过痰液等排出体外，也可能被鼻腔内的绒毛阻挡，对人体产生的危害相对较小；而粒径在 2.5 微米以下的细颗粒物，不容易被阻挡，可进入肺部、肺泡甚至血液。

$PM_{2.5}$ 主要包括日常发电、工业生产及汽车尾气排放等过程中经过燃烧而产生的残留物。$PM_{2.5}$ 成分复杂，普遍含有重金属、硫酸盐、硝酸盐、炭黑、有机碳及矿物质等。$PM_{2.5}$ 可能引起人体全身炎症，加重动脉硬化，使得血脂升高等，进而出现心律不齐、血压升高等症状。研究表明，因大气污染早亡的人数大约为 80 万/年，其中主要原因就是颗粒物污染。假如 $PM_{2.5}$ 浓度能够降低到 10 微克/立方米，肺病早亡人数将减少6%，肺癌人数将减少8%。

6. 生物性污染物

大气中的生物性污染物主要有花粉、霉菌孢子及病原微生物等。这些物质会在个别人身上引起过敏反应，可能诱发鼻炎、气喘、过敏性肺部病变等。抵抗力较弱的病原微生物在日光照射与干燥条件下较易死亡，在空气中的数量更少；而抵抗力较强的病原微生物，如结核杆菌、炭疽杆菌、化脓性球菌等，可附在尘粒上污染大气，进而危害人体健康。

7. 放射性污染物

大气中的放射性污染物主要来自核爆炸（见图 1－17）、放射性矿物质开采加工及放射性物质的生产应用等。大气污染中起主要作用的是半衰期较长的放射性元素，如铀的裂变产物，其中重要的是 90Sr 和 137Cs。在体外的放射性元素对机体有外照射作用，通过呼吸道进入机体，则有内照射作用。除核爆炸地区外，大气中的放射性物质一般不会造成急性放射病，但长时间外照射或内照射，也能引起慢性放射病或皮肤慢性损伤。大气中的放射性物质对人体的影响是一种远期效应，包括引起病变、不育和遗传变化或早死等。

图 1－17 核爆炸

五、谁是酿成 PM$_{2.5}$ 的 "真凶"

PM$_{2.5}$ 令人闻之色变，那么谁是酿成 PM$_{2.5}$ 的 "真凶" 呢？"真凶" 就是人类自己！人类的生产和生活活动产生了如此多的 PM$_{2.5}$，让自己深受其害。PM$_{2.5}$ 严重威胁了人们的健康，但其不是具体哪一个人或者哪一个行业的 "贡献"，扬尘、城市面源污染、秸秆及落叶焚烧、烟花爆竹燃放等都是 PM$_{2.5}$ 的产生来源。

1. 扬尘

扬尘是指产生于地表风蚀等自然过程，以及道路、农田、堆场和建筑工地等人为过程的颗粒物，包括硅、铝、钙、铁等元素的氧化物。一般来说，在土壤裸露情况严重、建筑活动或者工业生产密集的地区，大气中扬尘污染会比较严重（见图 1 – 18）。在某些特定的气象条件下，大气扬尘可以被长距离传输，甚至跨境传输，从而导致大范围污染。我国北方春季常见的沙尘暴就是一种典型的、经过长距离传输的扬尘污染。

扬尘虽然主要由粗颗粒物构成，但是对 PM$_{2.5}$ 也有一定的 "贡献"。此外，在反复沉降、碾压、再扬起的过程中，大气扬尘中的粗颗粒物也有可能被破碎为细颗粒物。有研究表明，扬尘对北京市 PM$_{2.5}$ 的 "贡献率" 约为 10%。

图 1 – 18　扬尘污染

2. 城市面源

人为污染源按空间分布可分为点源和面源。城市面源除道路扬尘、建筑扬尘、裸露地扬尘等外，还包括烧烤店、中小餐饮店、居民餐饮油烟、燃煤炉灶、露天焚烧（垃圾、树叶）以及家装、家具、汽车维修、干洗店等。城市面源量大面广，管理难度大，多数没有采取有效的污染防治措施。城市面源排放的污染物复杂，如居民小炉灶会排放黑炭、氧化硫和成百上千种有机污染物，烹调和房屋粉刷也会排放多种有机物。除直接排放颗粒物外，城市还会排放很多气态污染物。城市面源由于数量多、分布广、排放高度低、控制措施落后、管理难度大，对 $PM_{2.5}$ 也有重要的"贡献"。

3. 秸秆及落叶焚烧

生物质燃烧源是指各种农作物和植物燃烧产生的污染物排放源，主要包括农田秸秆焚烧、森林大火、草原大火。由于我国是农业大国，农田秸秆焚烧是我国 $PM_{2.5}$ 的重要来源之一。秸秆是指玉米、谷子、小麦、稻子等农作物收割完以后留在田地里的茎秆。农作物秸秆中含有氮、磷、钾、碳、氢、硫等多种元素，这些元素在焚烧时能够释放出大量的二氧化硫、氮氧化物、$PM_{2.5}$ 等污染物，造成严重的大气污染，刺激人的眼睛、鼻子和咽喉等含有黏膜的部分，轻则造成咳嗽、胸闷、流泪，严重时可能导致支气管炎的发生。尤其是刚收割的秸秆，由于其尚未干透，经不完全燃烧产生的污染物会更多。

秸秆焚烧形成大量的烟雾，导致能见度大大降低，严重干扰正常的交通运输，容易引发交通事故，还会影响飞机的正常起飞和降落。类似农田秸秆焚烧，在城市地区，焚烧植物落叶也是导致局部大气污染的原因之一。

4. 烟花爆竹燃放

烟花爆竹的化学成分很复杂，主要有硝酸钾、木炭和硫黄。按作用划分成分，可分为氧化剂（硝酸钾、氯酸钾等）和可燃物（硫黄、木炭粉、红磷、镁粉）。火焰染色剂如钡盐（火焰呈绿色）、钠盐（火焰呈黄色）、银盐（火焰呈红色）等。烟花爆竹中的火药被引燃后，这些物质便发生一系列复杂的化学反应，产生二氧化碳、一氧化碳、二氧化硫、一氧化氮、二氧化氮等气体以及 $PM_{2.5}$ 等污染物，同时产生大量光和热而引起爆炸，如图 1 – 19 所示。纸屑、烟尘及有害气体伴随着响声及火光，四处飞扬，使燃放现场污染严重。

图 1 – 19　燃放爆竹污染空气

六、我国 $PM_{2.5}$ 的现状

近年来，我国社会经济高速发展，以煤炭为主的能源消耗量大幅攀升，机动车保有量急剧增加，经济发达地区氮氧化物和易挥发的有机物质排放量显著增长，因此，污染情况日益加剧，雾霾现象频繁发生，城市能见度降低。

中国环境科学研究院观测数据显示，北京市雾霾天气中 $PM_{2.5}$ 浓度平均高达 300 微克/立方米以上，在强沙尘暴（见图 1 – 20）过境期间，甚至达到 1 000 微克/立方米，远高于日平均 75 微克/立方米的国家标准。近年来，$PM_{2.5}$ 导致的区域性大气污染问题影响范围之广，污染程度之重，在世界范围内都是少见的。我国以 $PM_{2.5}$ 污染为典型代表的区域性大气复合污染，已成为社会各界高度关注和亟待解决的重大环境问题。

目前，北京市大气质量监测体系中的三项污染指标，即二氧化碳、二氧化氮和 $PM_{2.5}$ 中，首要污染物为 $PM_{2.5}$（占约 90%），北京市已于 2012 年 2 月起将 $PM_{2.5}$ 纳入研究性监测指标。从已有的环保监测数据来看，近年来我国城市 $PM_{2.5}$ 污染问题逐步显现出来。从 2011 年部分试点监测城市的空气检测结果来看，按新的环境空气质量标准（$PM_{2.5}$ 均值的二级标准为 35 微克/立方米）进行评价，多数城市超标，年平均值为

58 微克/立方米。受 $PM_{2.5}$ 污染最严重的主要是华北地区、东部地区，根据一定时期内 $PM_{2.5}$ 示范性检测结果可知，我国北方、南方的 $PM_{2.5}$ 浓度都较高，其中北方城市超标比南方城市严重。

图 1-20　沙尘暴

1. 我国 $PM_{2.5}$ 污染的特点

据国内外有关机构研究可知，当前我国 $PM_{2.5}$ 污染主要有以下三个特点。

（1）总体上呈加重趋势，且北方城市重于南方城市。我国每个城市都出现了 $PM_{2.5}$ 浓度超标的现象，北方城市 $PM_{2.5}$ 浓度普遍高于南方城市。从天津、上海、重庆、深圳、广州、苏州、南京等城市的试点监测结果来看，即使按世界卫生组织（WHO）第一阶段 $PM_{2.5}$ 的标准来评价，也超标严重，且呈加重趋势。

（2）如果 $PM_{2.5}$ 污染问题得不到重视和控制，将严重影响人们的身体健康和社会心理。$PM_{2.5}$ 污染的直接表现是雾霾天气频发。2010 年，我国城市发生雾霾天气的频率在 20.5% ~ 52.3%，且有加重趋势。$PM_{2.5}$ 中含重金属、多环芳烃等有毒有害物质，对人体健康有较大危害，而这些危害通常是慢性、蓄积性的。$PM_{2.5}$ 可以穿透人的鼻纤毛引发呼吸道疾病，导致哮喘和慢性支气管炎的多发。2005 年，世界卫生组织在《空气质量准则》中指出，$PM_{2.5}$ 年平均浓度为 35 微克/立方米时，人的死亡风险比 $PM_{2.5}$ 为 10 微克/立方米时增加 15%。据美国心脏协会统计，PM$_{2.5}$污染导致每年约 6 万人死亡。雾霾天气的增多也会对人的心情和社会心理产生不可忽视的影响，如长期戴口罩出行，城市的夜晚无法看到满天繁星，交通事故增多，看到互联网上 PM$_{2.5}$数据突然升高等都会产生负面影响。

（3）汽车尾气在大气、雾霾污染源中的比例不断提高。每个城市的 PM$_{2.5}$来源不同，有关资料显示，北京的 PM$_{2.5}$主要来源及占比为：机动车排放的污染物占 30.0%；燃煤排放的污染物占 16.7%；汽车喷漆、家具喷漆挥发的污染物占 16.3%；秸秆焚烧等排放的污染物占 4.5%。还有 32.5% 来自周边地区的影响。

2. 不同地区 PM$_{2.5}$的来源不同

根据统计研究，2007 年全国 PM$_{2.5}$排放总量达 1 321.2 万吨。PM$_{2.5}$污染物主要来自工业生产、居民生活、生物质燃烧、交通运输、发电厂等，分别达到 905.9 万吨、270.1 万吨、66.7 万吨、59.9 万吨、18.6 万吨。我国城市地区 PM$_{2.5}$浓度普遍处于较高水平。PM$_{2.5}$浓度随地理位置变化较大，通常北方地区的浓度高于南方，在远离人为活动的森林和沿海地区浓度相对较低。

尽管世界范围内组成 PM$_{2.5}$的化学成分类似，但不同地区 PM$_{2.5}$中各化学成分占比相差很大，特别是有机颗粒物的化学组成差别很大。造成这一差别的最主要原因是各地区排放源的差异，如城市机动车尾气排放，北方冬季采暖、石油燃烧排放，化工集聚区的挥发性有机化合物和其他污染物排放以及钢铁工业集聚区的颗粒物排放都是影响区域 PM$_{2.5}$成分变化的主要因素。

一般来讲，有机组分与硫酸盐、硝酸盐、铵盐含量高于其他组分，这些组分一般是经过二次转化形成的。来自污染源直接排放的烟尘和粉尘、扬尘与微量元素以及元素碳三类组分含量则相对较低。在重污染天气条件下，PM$_{2.5}$的组成中二次组分占 85% ~ 90%。北京市 PM$_{2.5}$的主要来源为燃煤、扬尘、机动车尾气排放、建筑尘、生物质燃烧、二次硫酸盐和硝酸盐以及有机物。宁波市 PM$_{2.5}$的来源为扬尘、煤烟尘、机动车尾气尘、二次硫酸盐、硝酸盐、挥发性有机化合物和其他污染物，分别占比 22.2%、19.9%、17.4%、16.9%、9.78%、8.85% 和 4.97%。

除此之外，香烟产生的烟雾是室内 PM$_{2.5}$的主要来源。总的来说，化石燃料不完全燃烧、炭燃料高温燃烧过程中产生的一次有机碳和一次有机碳发生光化学变化生成的二次有机碳，以及机动车尾气排放的二次转化物、建筑尘、土壤层尘、钢铁尘，由燃料高温燃烧、室内装修、烟草燃烧所产生的污染物等，均为 $PM_{2.5}$ 的来源。

3. 不同季节 $PM_{2.5}$ 的浓度不同

$PM_{2.5}$ 浓度水平受污染源排放情况和气象条件影响，存在明显的季节变化特征。以北京为例进行分析，北京冬季 $PM_{2.5}$ 的平均浓度最高，接着是秋季、春季，夏季平均浓度最低。雾霾的发生频率也与此有关。

北京冬季 $PM_{2.5}$ 浓度出现最高值的主要因素有两个。一是本地污染物排放浓度较高、量大，包含采暖期燃煤量明显升高，以及因气温降低使机动车尾气排放增加，致使 $PM_{2.5}$ 及其前体物（二氧化硫、氮氧化物、挥化性有机化合物等）的排放量增加。二是气象条件对大气污染物的扩散十分不利，地面逆温频率的增加迫使污染物在近地层不断累积，导致一次排放与二次转化而成的 $PM_{2.5}$ 在近地面大气中逐渐积累，达到较高浓度。春季 $PM_{2.5}$ 主要来自北方扬沙，以及周边地区农田秸秆的焚烧。秋季则因太阳辐射强，大气氧化性增强，经常产生光化学烟雾；同时，大气扩散条件不好迫使污染物聚集，使气态污染物向二次颗粒物转化且不断增加，从而导致严重的 $PM_{2.5}$ 污染。夏季 $PM_{2.5}$ 的来源主要有两个。一是伴随南方气流输入，北京周边地区直接排放的污染物（含 $PM_{2.5}$）被大量传输至北京。在传输过程中，由二次前体物转化形成的二次 $PM_{2.5}$ 也被输送到北京。二是由于大气氧化性增强，本地产生的二次 $PM_{2.5}$ 也较多。不过，夏季频繁降雨有利于清除 $PM_{2.5}$，因而夏季 $PM_{2.5}$ 浓度较低。

七、科学认识环境空气质量

如今我们每天都可以在网上查到空气质量标准和 $PM_{2.5}$ 实时数据，但有时未必能够看懂。正确认识空气质量标准可以让我们更好地利用实时数据来安排日常生活，避免遭受雾霾所带来的危害。环境空气质量标准是国家在限定时间内对环境空气中各种污染物最高允许质量浓度给予的规定，是为实现国家环境政策要求而确定的环境质量目标，也是控制大气污染、保护人体健康、评价环境空气质量、制定防护措施的依据，具有较强的法律性、技术性和时效性。环境空气质量标准的制定主要是为了保护人们的健康与生存环境，其基本原则是对机体不能够引起急性、慢性中毒，对主观感觉不会产生不良影响，对人体健康没有间接危害。

在以上基本原则的基础上，采用多种研究方法与多项指标，研究空气污染物对机体的各种直接或者间接的影响，选择典型与敏感的关键效应，依据其相关研究数据确定剂量与反应关系，从中获得最大作用剂量或最小作用剂量，然后根据研究中的各项不确定性系数，核算空气污染物的基性值。之后以环境空气质量基性值作为依据，充分考虑社会、经济、技术等因素，最后确定该物质在环境空气中的最高限值，形成统一的环境空气质量标准。

1. 欧盟环境空气质量标准

欧盟在内部建立了共同的环境保护质量框架，从 1970 年发布第一条大气环境指令至今，欧盟已发布 50 余条有关大气环境标准的指令。

针对主要污染物，欧盟于 1999 年发布《环境空气中二氧化碳、二氧化氮、氮氧化物、$PM_{2.5}$、Pb 的限值指令》，规定了二氧化碳等 5 种污染物的浓度限值。2000 年，发布《环境空气中苯和一氧化碳限值指令》，规定了环境空气中苯和一氧化碳的浓度限值。2002 年，发布《环境空气中有关臭氧的指令》，分别规定了保护人体健康和植被的臭氧的 2010 年目标值。2008 年，发布《关于欧洲空气质量及更加清洁的空气指令》，规定了 2010 年 $PM_{2.5}$ 的目标浓度限值为 25 微克/立方米。

2. 美国环境空气质量标准

美国的《清洁空气法》要求美国国家环境保护局（EPA）每 5 年就要对颗粒物、臭氧等主要空气污染物的标准进行一次复审。1997 年 EPA 根据《清洁空气法》在以前多个版本的基础上重新规定了空气质量标准，对二氧化碳、PM_{10}、$PM_{2.5}$、二氧化氮等污染物给出了控制限值。随着美国经济社会的发展和空气污染的加重，科学家和社会团体纷纷提议要求重新修订和提高主要污染物的限值标准，EPA 于 2006 年颁布了现行的空气颗粒物标准，$PM_{2.5}$ 日均浓度限值为 35 微克/立方米，取消了 $PM_{2.5}$ 年均浓度限值，2008 年规定新的臭氧浓度限值为 160 微克/立方米。

3. 中国环境空气质量标准

中国环境空气质量标准最早发布于 1982 年，国家环保总局于 1996 年根据《中华人民共和国大气污染防治法》和国家标准化工作程序的规定，对原《大气环境质量标准》（GB 3095—82）进行了第一次修订，并于 1996 年 1 月 18 日颁布了修订后的《环境空气质量标准》（GB 3095—1996），于 1996 年 10 月 1 日起在全国实施。2008 年环境保护部下达了修订《环境空气质量标准》（GB 3095—1996）的项目计划，并于 2011 年形成了征求意见稿，在广泛征求意见的基础上，环境保护部与国家质量监督检验检疫总局于 2012 年 2 月 29 日发布了新的《环境空气质量标准》（GB 3095—2012），于 2016 年 1 月 1 日起在全国实施。新标准污染物项目限值的设置综合考虑了世界卫生组织关于大气污染物环境风险防控的研究成果和中国当前实际环境形势，从最有助于促进中国大气环境保护的角度，参考世界卫生组织提出的环境空气污染物浓度目标值，制定了标准限值，增加了 $PM_{2.5}$ 和臭氧的 8 小时浓度限值监测指标，此外，还调整了功能区分类、部分污染物浓度限值等内容。

4. 中国和美国环境空气质量标准的区别

以中国发布的《环境空气质量标准》（GB 3095—2012）为例。

（1）功能分区不同。中国将环境空气质量功能区划分为两类：一类为自然保护区、风景名胜区和其他需要特殊保护的地区；另一类为居住区、商业交通居民混合区、文化区、工业区和农村地区。而美国的环境空气质量标准无功能区类别划分。

（2）空气质量分级不同。中国将环境空气质量划分为两类：一类适用一级浓度限值，一类适用二级浓度限值。美国则将环境空气质量划分为两级：一级标准以保护人体健康为主，包括对敏感人群健康状况的保护，如哮喘病患者、儿童、老年人等；二级标准以保护自然生态及公众福利为主。

（3）污染物项目不同。中国环境空气质量标准给出了 10 种污染物的浓度限值，其中 6 种污染物为基本项目，包括二氧化碳、二氧化氮、一氧化碳、臭氧、PM_{10} 和 $PM_{2.5}$，4 种污染物为其他项目，包括总悬浮颗粒物、氮氧化物、铅（Pb）等。美国环境空气质量标准给出了 7 种污染物的控制限值，包括二氧化碳、PM_{10}、$PM_{2.5}$、二氧化氮、一氧化碳、臭氧和铅。

（4）取值时间不同。中国环境空气质量标准对污染物给出了 5 种取值时间：年平均、季平均、24 小时平均、8 小时平均和 1 小时平均。美国环境空气质量标准对污染物给出了 6 种取值时间：年平均、季平均、24 小时平均、8 小时平均、3 小时平均和 1 小时平均。

5. 北京市环境保护局与美国大使馆的空气质量指数差异

北京市环境保护局给出的数据和美国大使馆给出的数据存在差异的原因主要有以下三个。

（1）采用的指数形式不一致。

在《环境空气质量标准》（GB 3095—2012）颁布前，中国采用的是空气污染指数（API），评价的污染物为二氧化碳、二氧化氮和 $PM_{2.5}$ 三项。美国采用的是空气质量指数（AQI），包括二氧化碳、二氧化氮、PM_{10}、$PM_{2.5}$、臭氧、一氧化碳等多项指标，评价标准更为严格。美国大使馆每 1 小时就公布一种污染物的浓度，并对应空气质量指数，而北京环境保护局以 24 小时的平均值作为全天的空气污染指数对外公布。

（2）监测位点不一致。

中国环境监测部门对于大气污染物的监测有一套完整、科学的布点规则，多在区域小环境相对较好的位置设置空气质量监测站点，如图 1 - 21 所示。美国大使馆位置处于建筑和道路密集地带，受小环境的影响，测量数据会有所偏差。

图 1 - 21　环保监测

（3）监测设备不同。

美国大使馆使用的是 β 射线原理的监测仪器，北京市环境保护局监测站点采用的是基于振荡天平原理的监测仪器。两者之间存在一定的仪器误差，一些相关研究表明 β 射线的监测结果平均高于振荡天平法。

6. API 与 $PM_{2.5}$ 指标的关系

API 是"空气污染指数"的英文缩写，可以反映出空气的质量状况，而 $PM_{2.5}$ 又是空气污染的重要指标之一，因此很多人都认为 API 可以反映 $PM_{2.5}$ 的情况，这是不对的。API 确实可以反映空气质量，但是并不能准确体现 $PM_{2.5}$ 的状态。

（1）API 的概念。

API 依据空气环境质量标准、各项污染物生态环境效应以及其对人体健康的影响来确定污染指数分级数值与相应的污染物浓度限值。尽管 API 和 $PM_{2.5}$ 的指标不完全一样，但人们仍然可以根据 API 数值来分析进行户外活动的最佳时间。API 是为了方便公众对污染情况有一个更为直观的认知而依据污染物的浓度计算出来的。普遍来说，监测部门会监测多种污染物，分别计算其指数，并选取其中指数最大者当作最终的 API。可见，选取哪些污染物纳入环境监测对最后的 API 值非常重要。在我国，监测的污染物包含可吸入 PM_{10}、$PM_{2.5}$、臭氧、二氧化氮、二氧化硫以及一氧化碳。

正因为 PM_{10} 与 $PM_{2.5}$ 对人类健康的影响不容小觑，2005 年世界卫生组织首次在空气质量准则中为可吸入颗粒物确定了一项指导值，如表 1 – 2 所示。

表 1 – 2　世界卫生组织对可吸入颗粒物的指导值

项目	年平均浓度（微克/方立米）		死亡风险增加（较基准值）
	PM_{10}	$PM_{2.5}$	
基准值	20	10	0
过渡时期目标 3	30	15	0 ~ 3%
过渡时期目标 2	50	25	0 ~ 9%
过渡时期目标 1	60	35	0 ~ 15%

（2）根据 API 指导日常生活。

API 是一种定量，并且是客观反映与评价空气质量状况的指标，以更加简化的形式描绘空气质量状况，显示空气污染程度，向公众提供及时、准确、容易理解的城市地区空气质量状况，使公众可以清楚了解空气质量的好坏，也可以通过其来进行环境现状评价、回顾性评价以及趋势评价。

在《环境空气质量标准》（GB 3095—2012）颁布之前，我国一直采用 API 指数对空气质量进行监测。API 的分级标准如表 1 - 3 所示。

表 1 - 3　空气污染指数分级、对健康的影响及采取的措施

空气污染指数（API）	级别	类别	对健康的影响	采取措施
0 ~ 50	1	优	空气质量令人满意，基本无空气污染	各类人群可正常活动
51 ~ 100	2	良	空气质量可接受，但某些污染物可能对极少数异常敏感人群健康有较弱影响	极少数异常敏感人群应减少户外活动
101 ~ 150	3	轻度污染	易感人群症状有轻度加剧，健康人群出现刺激性症状	儿童、老年人、心脏病及呼吸系统疾病患者应减少长时间、高强度的户外锻炼
151 ~ 200	4	中度污染	进一步加剧易感人群的症状，可能对健康人群的心脏、呼吸系统有影响	儿童、老年人、心脏病及呼吸系统疾病患者应避免长时间、高强度的户外锻炼，一般人群应减少户外运动
201 ~ 300	5	重度污染	心脏病和肺病患者症状显著加剧，运动耐受力降低，健康人群普遍出现症状	儿童、老年人、心脏病及肺病患者应留在室内，停止运动，一般人群应减少户外运动
>300	6	严重污染	健康人群运动耐受力降低，有明显强烈的症状，提前出现某些疾病	儿童、老年人和病人应当留在室内，避免体力消耗，一般人群应避免户外活动

　　计算 API 需要考虑的污染物包括二氧化碳、二氧化氮、PM_{10}、一氧化碳和臭氧，根据我国空气污染的特点、污染防治重点以及监测能力，作为空气质量日报的必测污染物包括二氧化碳、二氧化氮和 PM_{10}。随着我国工业发展进程加快，区域污染源与本地污染源的共同作用导致某些地区出现了复合型空气污染，城市化加速与交通需求快速增长导致机动车数量持续快速增长，机动车尾气污染日益严重。

　　我国现行的 API 评价指标只有二氧化碳、二氧化氮和 PM_{10} 三项，与发达国家及部分发展中国家相比评价指标较少，不适应我国当前复合型空气污染形势，无法更全面地表征空气质量状况，因此也不能反映当前城市真实的 $PM_{2.5}$ 污染情况。

第二章　雾霾的危害

一、雾霾的危害不容小觑

雾霾的危害主要来源于霾，霾是由空气中的灰尘、硫酸、硝酸、有机烃类化合物等粒子共同组成的。雾霾使大气浑浊，视野模糊，并导致能见度不断降低，严重时会入侵人的呼吸道并导致呼吸道感染，从而降低人体免疫力等。常言有"秋冬毒雾杀人刀"，雾霾天气本来经常出现在秋冬季节，但现在，环境的恶化直接导致春夏季节雾霾天气同样多发。我们看得见、抓不着的雾霾对身体的影响非常大，特别是对心脑血管与呼吸系统疾病高发的老年人群体伤害更大。

1. 雾霾会引发肺癌

城市高污染条件下发生的雾霾中含有致癌、致畸物——多环芳烃，其是由煤炭、石油等化石燃料的燃烧所产生。多环芳烃是指含有两个或两个以上的苯环，并以稠合形式连接的芳香烃类化合物的总称，是有机物（如石油、煤炭、木材、烟草、石油产品、烹调油等）热解和燃烧、焚烧不完全的产物。多环芳烃是一种典型的致癌物，在肺内转化为环氧化物，导致肺上皮细胞变性，增加肺癌发病率。空气中多环芳烃浓度每增加0.1微克/立方米，肺癌死亡率就增加5%。另外，雾霾中可能含有铬和砷等重金属，这些物质也具有致癌性。因此，人体长期吸入含有致癌物质的空气将会导致癌症，特别是肺癌。

雾霾发生时，高浓度的$PM_{2.5}$有明显抑制人体外周血淋巴细胞活性和免疫毒性的作用。

氮氧化物与呼吸道黏膜的水分作用生成亚硝酸与硝酸，与呼吸道的碱性分泌物结合生成亚硝酸盐及硝酸盐，对肺组织产生强烈的刺激和腐蚀作用，可增加肺毛细血管及肺泡壁的通透性，引起肺水肿。

2. $PM_{2.5}$浓度提高会提升人类死亡率

当$PM_{2.5}$年均浓度达到35微克/立方米，人类的死亡风险比年均浓度为10微克/立方米时增加15%。一份来自联合国环境规划署的报告称，$PM_{2.5}$浓度上升20微克/立方米，中国和印度每年会有至少34万人死亡。据统计，在欧盟国家中，$PM_{2.5}$导致人均寿命减少8.6个月。而当污染较轻时，首先对易感人群，即儿童、老人、呼吸性疾病及心血管疾病患者减小影响。随着雾霾出现频次的增加，污染也不断增加，继而影响到全体人群。

绿色和平组织与北京大学公共卫生学院联合发布了《危险的呼吸——PM$_{2.5}$的健康危害和经济损失评估研究》。该研究报告表明，2010年的统计数据显示，北京、上海、广州、西安因 PM$_{2.5}$污染造成早死人数分别为 2 349 人、2 980 人、1 715 人、726 人，共计 7 770 人，分别占当年死亡总人数的 1.9%、1.6%、2.2%、1.5%；经济损失分别为 18.6 亿元、23.7 亿元、13.6 亿元、5.8 亿元。

世界卫生组织近日公布了人类的十大死因，其中包括下呼吸道感染、慢性阻塞性肺病（慢阻肺）与支气管肺癌三类呼吸系统疾病，占死因总数的 14%，而这些均与空气污染有关。由于日益突出的环境问题与老龄化问题以及一直缺乏有效的干预与控制手段，呼吸系统疾病的发病率、患病率与死亡率逐年上升。吸烟与空气污染不仅与呼吸系统疾病有关，而且与心脑血管疾病及早产等直接相关，是名副其实的"头号杀手"。

3. 小型炼焦企业排出烟雾对人体危害更大

小型炼焦企业大部分采用"湿法熄焦"，如图 2-1 所示。通过熄焦湿热的水蒸气汽化后输入大气层，不断加热和加湿周边的空气；同时，还夹杂着废水中因汽化转变为气溶胶的悬浮物和有机化合物等。这样的高温、高湿、含高气溶胶的云团在上升的过程中，不断与周边空气发生热湿交换及结合，在遇到连续静风和逆温的气象条件时，就会积聚笼罩在近地面空中，无法扩散而形成雾霾天气。尤其在冬季气候寒冷，导致生化处理站微生物失去活性，对废水的处理失去效果。此外，小型炼焦企业还存在使用未经处理的废水再回收直接熄焦的现象。违规反复回收使用的废水中，大量的悬浮物和有机化合物不断被输入大气层，不仅对环境造成了极大的污染，而且加大了雾霾天气形成的可能性。

上述原因导致小型炼焦企业排放到空气中的废气污染物浓度升高，成分也更复杂，特别是苯并芘等致癌物含量更高，因而危害也更大。

图 2 - 1　小型炼焦企业

4. 吸烟加重雾霾的危害

雾霾的成分有二氧化硫、氮氧化物、烃类化合物、光化学氧化剂和铝、镉、锰、铅、钛、钒等重金属成分；烟草燃烧产生的烟雾成分主要有尼古丁（烟碱）、烟焦油、氢氰酸、一氧化碳、丙烯醛和一氧化氮等。不同来源的污染物叠加，协同作用于机体，更加剧了污染的危害。据检测，一支香烟燃烧后可产生 7 000 多种化学物质，其中气态物质占烟气总量的 92%，颗粒物质占 8%。烟草制品在燃烧过程中，中心温度高达 800℃ ~ 900℃。由于燃烧产生干馏和氧化分解等化学作用，使烟草中各种化学成分发生了不同程度的变化，有的成分被破坏，有的又合成了新的物质。又有研究发现，长期暴露于二手烟雾中，会使不吸烟者患心脏病的风险增加 25% ~ 30%。

雾霾对吸烟者的影响来自两个方面。第一，实际吸烟者在室外同样要呼吸雾霾空气。雾霾本身对人体的健康已构成较大危害，吸烟则会进一步加重这种危害。第二，雾霾可通过门窗影响室内空气质量。如在此环境吸烟，则会进一步加重室内的空气污染，从而加重对吸烟者和吸二手烟者的伤害。因此，为了自己和家人的健康，尽量不要吸烟，特别是不要在雾霾天吸烟。

吸烟不仅会影响吸烟者自身的健康，还会影响他人的身体健康，具体危害如表 2 - 1 所示。

表 2 - 1 "二手烟"对不同人群的危害

人群	危害
婴幼儿 (1~3岁)	刚出生的婴幼儿在"二手烟"环境中呼吸会很吃力,容易患上新生儿呼吸综合征;长期生活在"二手烟"环境中的婴幼儿,更容易患感冒、肺炎、支气管炎、哮喘等呼吸系统疾病,增加猝死率以及白血病的发病率;"二手烟"还会影响婴幼儿的生长发育,造成体格发育迟缓等
儿童	长期吸入"二手烟"会影响儿童的呼吸系统发育,增加患支气管炎、肺炎、哮喘的概率;"二手烟"影响儿童的神经系统发育,易造成智力低下;长期被动吸烟还会埋下日后的健康隐患,增加罹患心脑血管疾病的风险
女性	长期接触"二手烟"的女性衰老得更快,出现典型的"烟民脸"(皮肤灰暗、面容憔悴、皱纹横生);"二手烟"易导致女性生理周期紊乱,出现月经不调、痛经、绝经期提前等症状;增加慢性阻塞性肺病、冠心病、肺癌、宫颈癌的发病率
孕妇	孕妇是"二手烟"的最大受害者,会增加孕期患癌概率及妊娠并发症(如妊娠高血压、妊娠糖尿病)的发病率;"二手烟"中的有毒物质可通过胎盘危害胎儿发育,易造成早产、流产、发育畸形等
老年人	老年人长期吸入"二手烟"易患冠心病、慢性阻塞性肺病、哮喘、支气管炎、肺癌等疾病;经常与"二手烟"接触的老年人患上阿尔茨海默病(老年痴呆症)的概率大大增加

最新研究还指出,吸烟时产生的"二手烟"和空气中的有害颗粒物会附着在人的头发、皮肤、衣服以及地毯、沙发和汽车座套上,这些污染称为"三手烟"。当老人和孩子接触到这些受到"三手烟"污染的物品后,就会在无形中受到有毒物质的侵害。因此,无论是为了自己还是为了家人的健康着想,请远离香烟。

5. 臭氧也会损害人体健康

近年来,我国多个城市的空气质量监测数据显示,臭氧正在逐渐替代 $PM_{2.5}$ 成为首要空气污染物。臭氧是一种由 3 个氧原子组成的有鲜草味的淡蓝色气体,浓度达到 4.46×10^{-9} 微摩尔/升时就具有特殊的臭味，并可进入呼吸系统的深层，刺激下呼吸道黏膜，引起化学变化。臭氧是一种强氧化剂，其化学性质极为活泼，可用于杀菌、消毒与解毒。臭氧极易溶解于水，溶在水中具有更强的杀菌能力，是氯气的 600 ~ 3 000 倍。空气中臭氧的含量在百万分之一以内时对人体很有益，因微量的臭氧能刺激中枢神经，加快血液循环，增加血液中的活氧量，活化细胞。但高浓度的臭氧会使人感到不适，甚至会伤害人体，因此须控制臭氧产生量。

6. 一氧化碳对健康的影响

大气中的一氧化碳多来自机动车尾气、炼钢、炼铁、焦炉、煤气站、采暖锅炉、民用炉灶、固体废弃物焚烧排出的废气。一氧化碳很容易通过肺泡、毛细血管以及胎盘屏障。吸收进入血液后，80% ~ 90% 的一氧化碳与血中的血红蛋白结合成碳氧血红蛋白（COHb），严重影响血红蛋白与氧的结合，同时还影响已经结合的氧和血红蛋白中氧的解离，阻碍氧的释放，最终导致机体处于缺氧状态。正常人的碳氧血红蛋白饱和度为 0.4% ~ 2.0%。

除职业因素外，一氧化碳对健康的影响通常为室内一氧化碳过高引起的急性中毒，以神经系统症状为主。一氧化碳暴露还与人群心血管疾病的发病率和死亡率增加有关。相对成人来说，胎儿对一氧化碳的毒性更敏感，研究证实，妊娠妇女吸烟可引起胎儿血中碳氧血红蛋白浓度上升 2% ~ 10%，可能引起低出生体重儿、围生期死亡率增高以及婴幼儿神经行为障碍。

二、雾霾破坏环境

大气能见度是一个与人们生活密切相关的气象要素。能见度的高低将直接影响城市交通运输的安全与效率。伴随工业经济的发展，空气污染物浓度逐渐升高，雾霾天气接连爆发，天空经常呈现灰蒙蒙的浑浊状态，大气能见度低下已经成为城市的重要大气环境问题。

研究雾霾天气对能见度的影响，从而减少灾害损失、保障交通安全和环境质量，具有重要的意义。能见度是指视力正常的人，在当时的天气条件下，能够从天空背景中看到和辨认的目标物的最大水平距离，以米或千米为单位。国家气象行业标准《霾的观测和预报等级》（QX/T 113—2010）将能见度分为四个等级，如表 2 – 2 所示。根据这个等级标准，我们在日常生活中，可以通过目测来判断雾霾的严重程度，从而对雾霾进行适当防范，因此，能见度是我们判断空气污染的一个重要感官指标。

表 2 – 2　霾的能见度等级及应对措施

等级	能见度（V）/（千米）	采取的措施
轻微	$5.0 \leqslant V < 10.0$	轻微霾天气，无须特别防护
轻度	$3.0 \leqslant V < 5.0$	轻度霾天气，适当减少户外活动
中度	$2.0 \leqslant V < 3.0$	中度霾天气，减少户外活动，停止晨练；驾驶人员小心驾驶；因空气质量明显降低，人员需适当防护；呼吸道疾病患者尽量减少外出，外出时可戴上口罩
重度	$V < 2.0$	重度霾天气，尽量留在室内，避免户外活动；机场、公路、码头等单位加强交通管理，保障安全；驾驶人员谨慎驾驶；人员应适当防护；呼吸道疾病患者尽量避免外出，外出时可戴上口罩

雾霾并不只是对人体本身造成危害，还会造成其他危害，比如形成酸雨、引发交通事故等。只有正确认识雾霾的危害，意识到治理雾霾是与我们自身息息相关的大事，才能呼吁全社会一同治理雾霾。

1. 雾霾易形成酸雨

雾霾天气的出现，给人们最直接的印象就是能见度降低，此外，雾霾中的二氧化硫和氮氧化物是形成酸雨的根源。酸雨会影响水生生态系统，腐蚀建筑物、机械和市政设施，危害树林（见图 2 – 2），影响城市景观。

图 2-2　酸雨危害树林

2. 雾霾易引起交通事故

雾霾使空气的能见度降低，导致人的视野模糊不清，还易引发交通事故、空难和海难。严重的雾霾不仅会造成交通阻塞，还会导致汽车追尾事故，尤其是在山区公路和高速公路上。对航空的影响更大，遇有雾霾，须临时关闭机场，还会影响飞机的按时起飞和降落，甚至造成飞机失事。雾霾天气还会影响船只正点出航，造成晚点，甚至因看不见信号灯、航标或其他航行的船只，造成船只相撞、触礁事故。

3. 雾霾引起严重腐蚀

材料及其制品会受到自然大气环境的影响，因环境因素的作用而引起材料变质或破坏被称为大气腐蚀。除了金属材料之外，非金属材料的老化也属于大气腐蚀的范畴。金属材料的大气腐蚀机制主要是材料受大气中所含的水分、氧气和腐蚀性介质的联合作用而引起的破坏。材料在不同大气环境中的腐蚀破坏程度随所处的环境因素不同而有很大差别。在雾霾天气下，城市由于"热岛效应"，城区的空气相对湿度会偏低，雾霾中的污染微粒容易与水汽结合形成酸雾或酸雨，对建筑和材料有腐蚀作用。此外，雾霾天气下近地面的臭氧会使得雾霾天气的氧化能力更强，会加快城市光化学烟雾污染的进程。

4. 雾霾对农作物的影响

影响农作物生长的因素有很多，除去其本身的遗传因素外，大多为环境因素，包括温度、水分供应、辐射能、大气组成、土壤结构和组成、生物因素等。PM$_{2.5}$引起的雾霾天气增多，会导致农作物的日照量大大减少，从而减弱农作物的光合作用，并且出现雾霾天气时，空气湿度多在80%~90%，这使得农作物的蒸腾作用大大降低，进而直接影响到农作物对土壤养分的吸收。PM$_{2.5}$大多来源于汽车尾气的排放，其过高的浓度不仅对人体造成危害，同时也影响到了土壤的质量。因其改变了土壤的酸碱性，使重金属和有毒物质增多，因此不再适应农作物生长。农作物大多会出现病虫害甚至萎蔫干枯，导致减产高达25%。如果在某些异花授粉农作物开花授粉时期发生严重雾霾天气，还可能导致农作物大量减产。

三、雾霾危害人体健康

雾霾中的颗粒物、二氧化硫、二氧化氮等大气污染物会对人体健康产生影响。在各种大气污染物中，颗粒物与人体健康的关系最为密切。颗粒物不仅能直接对人体造成损害，还会作为细菌、病毒、重金属和有机化合物的载体损害人体健康。大气污染物既会直接引起肺损伤，也会随血流进入机体其他系统，引起心血管等其他系统的损伤。

1. 呼吸系统损伤

雾霾中的污染物可刺激呼吸道，引起黏液分泌增多、支气管壁增厚、支气管痉挛、气道阻力增加和肺通气功能降低。颗粒物破坏体内免疫平衡，一方面增加人体感染呼吸系统疾病的概率；另一方面增强机体对过敏物质的反应，导致过敏性炎症和支气管哮喘的加重。PM$_{2.5}$等可吸入颗粒物中的可溶性部分可直接造成肺毒性，而不可溶性部分会引起免疫反应，导致人体内炎症因子大量增加并超过机体清除能力。研究表明，炎症是大气污染物对人体呼吸系统损害的主要机制。肺部炎症主要通过两个途径产生，分别是氧化应激和免疫反应，也可通过促进细胞死亡等其他途径影响呼吸系统。

2. 心血管系统损伤

颗粒物对心血管系统的影响是全身性损伤的一部分，与其他系统损伤相互关联。致病机制包括以下三个途径。

①肺内细胞释放的炎症细胞因子进入血液循环诱发血管内皮细胞

损伤。

②干扰心脏自主神经调节，导致心率和血压波动，使心脏电传导出现改变。

③颗粒物中的可溶性成分，如金属和有机物质，直接进入循环系统产生自由基，并作用于脂类、蛋白质及 DNA，引起血管内皮细胞的氧化应激损伤，改变血管内皮功能和血管张力，参与动脉粥样硬化及血管运动功能受损等病理过程。

短期与长期吸入颗粒物都会增加血液循环中的组胺、炎症细胞因子，引起淋巴细胞水平下降，中性粒细胞升高，血细胞比容上升，炎症反应蛋白上升，同时减弱抗凝物质表达及活力，使血液处于高凝状态，促进血栓形成。雾霾中的有害物质还可以直接引起人体血管收缩，促使存在基础心脏疾病的患者患病。

3. 雾霾会给人带来负面情绪

2014 年 3 月，中央气象台再次发布霾橙色预警，原因是 15% 的国土都被雾霾覆盖。这给人们带来了非常大的健康隐患。然而或许很少有人知道，雾霾给人带来的负面情绪也非常可怕。某媒体发起了一个"天气影响心情"的话题，在将近 3 000 名的参与者中，有将近九成人认为雾霾天使自己心情变差。又有某调查表明，45% 的人面对雾霾感到恐慌，22% 的人感到焦虑和烦躁，33% 的人不能理性对待雾霾。

雾霾影响心理健康的因素究竟是什么呢？研究表明，雾霾主要通过两方面影响人们的心情。其一，阴天本身就会使人心情抑郁，甚至增大患抑郁症的概率。加拿大科学家发现，这是由于人类大脑里的松果腺体对光线非常敏感，一旦缺乏阳光或环境变暗就会变得比较活跃，从而抑制甲状腺素与肾上腺素（这两种激素能让人振奋）的正常分泌，使人萎靡不振。其二，许多研究表明，空气污染会使人心情变坏。2013 年初，加拿大特伦特大学的一位学者将欧洲 14 个国家的空气污染记录和居民快乐感进行了对比，发现空气污染会使人感到不幸福。他指出："清新的空气能使人拥有更好的生活体验，提高生活满意度与幸福感。空气污染迫使人们减少自己的户外活动，从而变得闷闷不乐。"此外，美国加州大学欧文分校的一位学者发现，环境中的光化学氧化剂一旦升高，焦虑的人的数量就会大幅度增加；韩国延世大学的科学家分析了

4 000 多个自杀案例，在探究自杀与PM$_{2.5}$的关系后发现，污染出现峰值时，自杀者也会增多。

为了避免雾霾对我们的心理造成负面影响，不妨从以下几个方面做起：首先，要多与积极向上的人接触，或者和朋友一起喝喝茶，聊些开心的事。其次，要注意合理饮食，多吃一些有助于舒缓疲劳情绪的食物，如香蕉、芒果、猕猴桃等。再次，要适度进行室内活动，如原地跳、瑜伽、仰卧起坐等，有条件者可以去健身房锻炼，运动能够促进大脑分泌使人愉悦的脑啡肽与内啡肽。最后，建议天气预报类节目在雾霾天时发布特殊提示，假若有人发现自己的心情变得非常差，一定要及时向心理医生求助。

4. 雾霾对人们生活的影响

如今城市交通堵塞已成常态，如图 2 - 3 所示，堵车不仅耽误人们的时间，还会危害人们的身体健康。

2013 年美国得克萨斯农业机械国际大学的一份调查报告表明，美国交通拥堵状况近年来不断恶化，造成的经济损失平均高达 1 210 亿美元/年，美国开车族每年因交通拥堵浪费时间达 42 亿个小时，相当于每个司机浪费大约 42 个小时，浪费汽油 110 亿加仑。其中洛杉矶地区交通堵塞最严重，开车族每人每年平均浪费 72 个小时，排在其后的分别是亚特兰大、旧金山、华盛顿以及达拉斯。

图 2 - 3　城市交通拥堵现象

这些曾经使生活变得快捷、舒适的现代化交通工具，现在不仅无法带来便捷，还变成一个个移动着的排气管，严重污染空气。交通拥堵造成的汽车低速行驶更是加剧了这种污染，为雾霾的形成提供了条件。

（1）移动排气管。

交通运输行业是耗能最多的行业，目前大约占社会总能耗的 8%。2012 年国际能源署（IEA）发布的相关报告显示，全球二氧化碳排放量大概有 25% 来自交通运输，美国大气污染有 50% 来自运输工具，日本也占到 20%，预测到 2050 年全球交通运输业的能耗将会翻一番。

亚洲发展银行估计，在未来的 25 年内，源于全球交通工具的二氧化碳的排放量将增加 57%，其中发展中国家的汽车行业发展迅猛，其排放增长量将达到 80%。2010 年初，挪威奥斯陆国际气候与环境研究中心发表的一份研究报告也称，汽车、轮船、飞机以及火车等交通工具所使用燃料释放的温室气体是目前造成全球变暖的主要因素之一。报告指出，过去 10 年全球二氧化碳排放总量增加了 13%，而来源于交通工具的碳排放增长率高达 25%。

欧盟在大部分工业领域都做到了成功减排，但交通工具碳排放量却在过去 10 年里增长了 21%。未来中国控制交通工具的碳排放量将比控制工业领域更困难。在交通运输业的大力"助攻"下，雾霾频发，空气质量越来越差，即使是在清晨，人们也需要戴口罩出行。目前，拖着排气管穿梭于城市的交通工具已经给我们的生活造成了很大的影响。

（2）可怕的汽车尾气污染。

燃油汽车在行驶过程中排放大量有害气体。由于汽车的高度流动性，加上大多出现在人口密集的闹市区，其排气污染又在人的呼吸与活动范围之内，所以已引起全球范围内的极大关注。汽车排放物高达 140 种，通过对尾气的测定显示，其典型组成普遍有一氧化碳、烃类化合物、氮氧化物、硫氧化物、颗粒物（铅化合物、黑炭、油雾等）、臭气（甲醛、丙烯醛）等，其中一氧化碳、烃类化合物、氮氧化物是汽车尾气污染的主要成分。汽车的排放源主要来自尾气排放与燃油蒸发排放以及曲轴箱通风三方面。汽车尾气排放的有害物质更是加剧了大气污染，破坏了环境的生态平衡，尤其是这些污染物在一定条件下还会生成二次污染物——光化学烟雾，对人体健康的危害更大。比光化学烟雾更频繁发生的是雾霾天气，中国的雾霾问题成为全世界热议的话题，减少与控制雾霾天气的发生是中国乃至全世界的大问题。

一氧化碳是燃料在氧气不足的情况下燃烧的产物，也是汽油机排放气体中有害成分浓度最高的物质。美国和日本大气中95%～99%的一氧化碳来自汽车，我国燃油汽车怠速同样要求一氧化碳低于5%。

5. 其他损伤

（1）颗粒物中含有的二噁英等物质具有致癌作用。

（2）颗粒物中的铁、铜、锌、锰、镍、铬、铅等重金属，因其累积性和不可降解性，可诱导基因突变导致肿瘤发生，对呼吸系统、消化系统、免疫系统、生殖系统和神经系统等目标脏器产生影响。

（3）颗粒物进入人体血液后，会吸附更多的重金属离子和有机物，在体内滞留更长的时间，从而加剧对机体的损害。

四、雾霾严重影响儿童成长

众所周知，儿童对各类危害的抵抗力相对较弱，因此雾霾的危害对儿童的影响尤为严重。雾霾天不仅会引发儿童出现呼吸系统疾病，还有可能给儿童带来隐性的危害，影响儿童的成长，主要有以下几种。

1. 导致急性呼吸道感染

从生理结构上看，儿童呼吸道非常脆弱，尤其婴幼儿还没有鼻毛屏障，鼻腔比成人短，弯曲度没有成人大，因而有害物质可随气流直达他们的细支气管和肺泡。所以，儿童对不良天气更敏感。雾霾中的有害颗粒能直接进入并黏附在儿童的呼吸道和肺泡中，可引起急性鼻炎和急性支气管炎等病症，如不及时治疗，很容易转为小儿肺炎。如果处于流感等呼吸道疾病流行期，雾霾天气将会进一步促进此类疾病的发生与传播。

2. 加重慢性呼吸道疾病

对于患有支气管哮喘、慢性支气管炎等疾病的儿童而言，雾霾天气可使病情急性发作或急性加重。研究表明，$PM_{2.5}$浓度升高与呼吸道疾病患儿人数增加密切相关，$PM_{2.5}$浓度升高可引起儿童哮喘急诊就诊率上升。

3. 引发结膜炎

雾霾天气中，空气中的悬浮颗粒物易附在人的眼角膜上，从而引起结膜炎。结膜炎通常不会影响视力，但也很难自行缓解。因此，一旦儿童出现频繁眨眼、揉眼睛、转眼珠、眼内有红血丝等症状与体征时，应及时就诊。对于一般的眼部不适，家长可采用冷敷的方法帮助儿童缓解。

4. 导致情绪不稳定

雾霾天还会影响儿童的情绪。因为天气阴沉，得不到太阳的照射，儿童体内的松果体会分泌出较多的松果体素，使得甲状腺素、肾上腺素的浓度相对降低，导致情绪不稳定。

5. 影响神经系统和智力发育

悬浮颗粒物中重金属对儿童产生的毒性也非常大。重金属可与血液中的血卟啉结合，从而损伤肝脏。吸入过多的重金属，会使儿童的血液黏度增大，含氧量降低，从而导致胸闷、头晕等症状。重金属中的铅对神经系统有明显的损害作用，影响儿童神经系统和智力发育。

6. 增加佝偻病的发病率

雾霾的出现会减弱太阳紫外线的辐射，如经常发生雾霾，区域内的儿童得不到充足的阳光，则会影响人体维生素 D 的合成，导致儿童佝偻病高发。因此，对雾霾高发地区的婴幼儿群体，必须重视佝偻病的预防和治疗。

7. 增加过敏性疾病的患病率

雾霾含有的多种颗粒都是严重的过敏原和感染源，对儿童的呼吸道黏膜刺激非常大，容易引起如喘息、支气管哮喘等呼吸系统过敏性疾病。颗粒物污染可以介导过敏性炎症，增强气道超敏反应。国外的一些流行病调查发现，近年来，工业化国家空气污染严重的地区儿童过敏性疾病的患病率不断升高。美国一项研究显示，大气中 $PM_{2.5}$ 浓度每上升10 微克/立方米，儿童哮喘的就诊率就会随之增加 3% ~ 6%。雾霾中的一项重要成分氮氧化物，尤其是二氧化氮可直接侵入人的肺泡内巨噬细胞，释放蛋白分解酶，破坏肺泡。国外研究显示，二氧化氮每升高 10毫克/立方米，儿童哮喘发作的危险性增加 1.16 倍；二氧化碳每升高 10毫克/立方米，儿童喘息发作的危险性增加 1.08 倍。

8. 影响免疫功能

大气污染还可使儿童机体免疫监视功能低下，导致机体对感染其他疾病的抵抗力降低。长期生活在大气污染环境中的儿童在未出现临床症状前，机体免疫功能已有不同程度降低。有研究者对国内某市随机抽取的 300 名小学生进行了免疫功能的测定，发现大气污染对儿童非特异性免疫功能的影响与年龄、接触污染物的时间和浓度有明显的正相关关系。

9. 影响肺功能发育

雾霾可导致儿童肺功能发育迟缓。国外研究发现，儿童肺功能的显著降低与暴露于酸性气体、二氧化氮和 $PM_{2.5}$ 中有关。暴露在酸性气体中，最大呼气流速的平均年增长率和 1 秒末呼气流速分别下降 11% 和 5%，最大呼气流速与用力肺活量的比值也相应降低。

五、雾霾对老年人危害大

和儿童一样，老年人的抵抗力同样不强，比如伦敦烟雾事件和洛杉矶光化学烟雾事件受影响最大的都是老年人。因此，雾霾天我们尤其要关注老年人的身体健康。

雾霾含有的多种有害颗粒对老年人的呼吸道黏膜刺激非常大，容易引起如支气管哮喘、肺炎等呼吸系统疾病，还会阻碍血液循环，导致心血管病、高血压、脑出血等。环境中 $PM_{2.5}$ 浓度每增加 10 微克/立方米，心血管疾病死亡的风险就增加 12%，循环系统疾病和呼吸系统疾病的急诊患者数量分别增长 0.5% 和 1%。国内研究结果表明，严重的大气污染与老年人总死亡率以及老年人慢性阻塞性肺疾病、冠心病、心血管疾病的发病率存在着明显的联系。

1. 对呼吸系统的影响

雾天水汽含量非常高，如果老年人在户外活动或运动，可能会感到胸闷或血压升高。与雾相比，霾的危害更大。霾的组成成分中的硫酸盐、二氧化硫、大气污染物以及携带的各种细菌和病毒易侵入老年人的呼吸道，使呼吸系统的防御功能降低，造成呼吸不畅、胸闷、干咳、咽喉干痒等不适。由于霾中细小粉粒状的飘浮颗粒物直径一般在 0.01 微米以下，可以直接通过上呼吸道进入支气管、细支气管，甚至肺泡。患有慢性阻塞性肺疾病的老年人吸入这些有害颗粒后，肺部就会产生异常炎症反应。此外，有害颗粒刺激支气管、细支气管强力收缩，分泌物增多，气道阻塞加重，导致慢性阻塞性肺疾病复发或急性加重。

2. 对心血管系统的影响

雾霾还会影响老年人的心血管系统。雾霾中含有大量的粉尘颗粒，会使空气变得干燥，老年人若长期处在这样的环境中，体内的水分会快速流失，血液黏稠度迅速升高，导致血管紧张性改变，使其易患心血管疾病，并可诱发冠心病。此外，呼吸道感染、发热、气体交换不良和肺功能损害可导致缺氧，造成原本供血不足的心肌进一步缺血、缺氧，诱发心绞痛、心肌梗死或心力衰竭。另外，空气中二氧化碳、二氧化氮和一氧化碳的增加会促发老年人心律失常，加速心力衰竭，从而引发缺血性心血管疾病。长期生活在污染严重的城市环境中，人的平均寿命会缩短 $1.8 \sim 3.1$ 年，以心血管疾病为主。

3. 增加肺癌的发生率

随着雾霾天气的不断发生，肺癌的发病率也逐年上升。与 10 年前相比，目前肺癌的发病率几乎翻了一倍，每 4 个癌症死亡者中，就有 1 人死于肺癌。更严重的是，现在非吸烟而患肺癌的女性比例越来越大，较 10 年前上升了约 20%。肺癌发病率迅速上升，空气污染难辞其咎。一方面，雾霾中有大量致癌物质，这些物质被人体吸入后，就种下了肺癌的"种子"；另一方面，雾霾中的过敏原、感染源易引起老年人的肺部反复发炎，诱导癌变。中国气象局广州热带海洋气象研究所的监测和研究显示，从 20 世纪 50 年代到现在，有霾的天数持续增加，人群中肺癌的发病率也会相应上升，且其影响会持续二三十年。

4. 对心理健康的影响

雾霾天气一旦出现，天空就变得灰蒙蒙，能见度迅速下降，周围大气环境中悬浮着无数的黑炭与粉尘等颗粒物。当空气污染加重之时，人会变得压抑、情绪低落，很容易产生抑郁心理。特别是老年人心理脆弱，在这种天气里会感到压力比较大，精神会更加紧张，情绪会更加抑郁。

5. 对晨练的影响

"一年之计在于春，一日之计在于晨。"在全民健身运动中，晨练成了大多数人的运动方式，晨练可以改善神经系统以及运动系统的功能，从而提高呼吸系统的能力，改善循环系统的功能，老年人是晨练活动的主力军。人们通常认为一天之中早晨的空气是最新鲜的，更是锻炼身体的最佳时间，但这其实是一种错误的观念。因为在一般情况下，冬季的早晨与傍晚，在无风的天气条件下空气污染极为严重。长时间吸入空气中的凝结核与污染物质，对人的肺部威胁非常大，使人患上肺癌之类疾病的概率增加。此外，在污染严重的雾霾天里进行晨练或进行户外活动会加速血液循环，导致人体更容易吸收空气中的各种病菌，这对我们的身体健康危害极大。

第三章　出行防霾技巧

一、口罩防霾

（一）口罩的材料及分类

1. 口罩的材料

当下防尘口罩的材料主要有橡胶材料、塑料材料、过滤材料、吸附材料四种，其中过滤材料是非纺织布，又称不织布或者无纺布。戴口罩主要是希望其能够过滤空气以达到净化的效果，这其中主要依靠过滤材料的过滤功能。过滤是分离、捕集气体、液体、颗粒物的一种方式或技术，而过滤材料则是一种具有较大内表面与适当孔隙，用来实现上述结果的必不可少的物质。过滤方法有膜过滤、液体过滤以及空气过滤，其中空气过滤发展最快。

2. 一般口罩或纱布口罩

一般口罩或纱布口罩在普通商店都可以买到，它的主要材料就是棉纱布。其阻尘原理是机械式过滤，即当粉尘冲撞到纱布时，历经层层阻隔，将一些大颗粒粉尘阻挡在纱布中。但一些微小粉尘，特别是大小小于 5 微米的粉尘，就会从纱布的网眼中穿过去，进入人体内。这些大小小于 5 微米的微尘正是雾霾中对人体威胁最大的成分。

大多数人认为一般口罩或纱布口罩最主要的作用是保暖，兼具装饰作用。以往，在我国东北等高寒地区冬季使用较为频繁的棉质口罩仅仅能过滤较大颗粒，但只适合平常进行清洁工作时使用，几乎不能防范 $PM_{2.5}$，所以对于防范雾霾几乎没有任何作用。

纱布口罩的结构与人面部的密合性非常差，许多对我们危害很大的细小微粒都会通过口罩和面部的缝隙进入呼吸道直达肺部，它的滤料大多数是一些机械织物，想要这种滤料达到好的阻尘效果，唯一方法就是增加厚度，但容易让使用者感到呼吸阻力增大，从而产生不适感。

一般口罩或纱布口罩的优点是方便购买，缺点是口罩内面接触口鼻的部分会留下我们的唾液，如果没有及时更换，极易滋生细菌。棉布口罩的纤维普遍较粗，不能有效过滤较小的微粒，而且大多未通过国际安全认证，防护效果无保障。纱布口罩几乎没用，而且与面部难以贴合。

3. 医用外科口罩

医用外科口罩的中间夹有一层过滤网，可以阻挡超过 90% 的 5 微米以上粒径的颗粒。当人们出现感冒、发烧、咳嗽等呼吸道症状时，或前往医院、电影院等不通风地方时可使用。主要用于阻挡病原微生物（如细菌等）、空中气传播的较大的生物性颗粒物（气溶胶）。总之，这种口罩不仅能在一定程度上防止细菌的危害，而且在雾霾天也可以起到一定作用。其主要功能并不是阻挡空气中的颗粒物，但也可以防止佩戴者受到不良环境空气的影响。如图 3 - 1 所示。

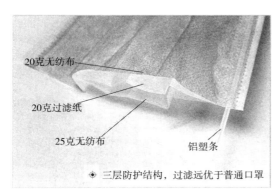

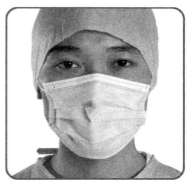

图 3 - 1 医用外科口罩

4. 防尘口罩

防尘口罩通常用来阻隔粉尘、颗粒物或废气，一般没有灭菌功能。需费力呼吸或无法吸附异味时应立即更换，一般在喷漆作业或喷洒农药时防护用，如图 3 - 2 所示。防尘口罩也称活性炭口罩，活性炭主要成分为碳，还含少量氧、氢、硫、氮、氯，活性炭具有微晶结构，微晶排列完全不规则。这决定了活性炭具有良好的吸附性，可以吸附废水和废气中的金属离子、有害气体、有机污染物、色素和大部分空气颗粒物等。防尘口罩可以吸附雾霾中的部分有害物质，但是对于预防 $PM_{2.5}$ 并没有太大的作用。

图 3 - 2　防尘口罩

5. N95 口罩

N95 口罩可阻挡超过 95% 的 0.3 微米以下粒径的颗粒，这种口罩阻挡细颗粒物的效果较好，是雾霾天可选用的最佳口罩之一，但呼吸时阻力很大，不适合长时间佩戴，且应避免重复使用。如图 3 - 3 所示。

图 3 - 3　N95 口罩

（二）选择口罩的标准和使用事项

1. 选择口罩的标准

根据要求，口罩的过滤材质必须针对细小颗粒的粉尘进行选择。而目前市场上很多口罩其实并不符合相关要求，对于细小微粒的过滤性几乎为零，对于预防雾霾与 $PM_{2.5}$ 而言只有"戴比不戴好"的心理安慰作用。

（1）符合我国《呼吸防护用品自吸过滤式防颗粒物呼吸器》标准（GB 2626—2006）的防护口罩都是针对细小颗粒的。按性能分为 KN 和 KP 两类，KN 类只适用于过滤非油性颗粒物，KP 类适用于过滤油性和非油性颗粒物。

①KN 系列。

KN100：对于 0.075 微米以上的非油性颗粒物过滤效率大于 99.97%。

KN95：对于 0.075 微米以上的非油性颗粒物过滤效率大于 95%。

KN90：对于 0.075 微米以上的非油性颗粒物过滤效率大于 90%。

②KP 系列。

KP100：对于 0.185 微米以上的油性颗粒物过滤效率大于 99.97%。

KP95：对于 0.185 微米以上的油性颗粒物过滤效率大于 95%。

KP90：对于 0.185 微米以上的油性颗粒物过滤效率大于 90%。

其中，KN90 针对 0.3 微米的粉尘，在空气流量为 85 升/分钟时，所检测到口罩的过滤效率为 90% 以上。因此，如果是 KN90 以上的产品，其针对 $PM_{2.5}$ 的过滤效率远超过 90%，一般都会达到 98% ~ 99% 的实际过滤效率，这样的口罩在较为严重的雾霾天也能较好地保障人们的呼吸安全。

（2）符合美国国家职业安全卫生研究所（NIOSH）粉尘类呼吸防护新标准 42CFR84 的防护口罩，根据滤料分为 N、P、R 三类。

N 系列：可用来防护非油性悬浮微粒，无时限。

P 系列：可用来防护非油性及含油性悬浮微粒，无时限。

R 系列：可用来防护非油性及含油性悬浮微粒，时限 8 小时。

按滤网材质的最低过滤效率，又可将口罩分为下列三种等级。

95 等级：表示最低过滤效率为 95%。

99 等级：表示最低过滤效率为 99%。

100 等级：表示最低过滤效率为 99.97%。

（3）符合欧盟 EN149 标准。

FFP1：最低过滤效率大于 80%。

FFP2：最低过滤效率大于 94%。

FFP3：最低过滤效率大于 97%。

其中，N95 口罩所用的材料由于厂家不同而有所不同，有的是用丙纶纺粘无纺布当作内外保护层，丙纶超细熔喷无纺布作为中间层，也有采用静电滤棉作为中间层的。这些材料能够过滤直径为 0.1 ~ 0.5 微米的氯化钠气溶胶，过滤效率为 95% 以上。N95 能够有效过滤大气中对人体健康造成危害的直径为 10 微米以下的 PM_{10}，特别是 $PM_{2.5}$。N95 口罩是雾霾天最佳选择之一，KN99 口罩也能够有效拦截雾霾中的有害物质，不过在购买时要注意不要买到假冒产品。

2. 使用口罩的注意事项

（1）安全性。口罩必须能够阻止 5 微米以下的呼吸性粉尘进入人体呼吸系统。纱布口罩、海绵口罩对 5 微米以下的粉尘没有任何防御作用。因而在雾霾天外出时尽量不要选择这两种口罩。此外，口罩和脸型要尽量匹配，以最大限度减少粉尘从口罩和面部之间的缝隙进入呼吸道。否则，再好的口罩或滤料也没有用处。

（2）适用性。各种不同的口罩材质、价格、功效差异很大，要根据需要选用最具代表性并且经真实粉尘作为检测介质的防尘口罩。如煤矿企业防煤粉，石棉厂房防矽尘、铝粉等。由于目前还没有真正的防雾霾口罩，因而推荐大家选择 N95 口罩。

（3）舒适性。再好的口罩，如果不具有舒适性，使人不能长时间或多次佩戴，自然影响使用效果。舒适性较好的口罩，重量要轻，质材要柔软，弹性要好。

（4）口罩不可长时间佩戴。长期戴口罩会让鼻黏膜变得更加娇弱，失去鼻腔原有的生理功能。雾霾天最好的办法便是减少在室外逗留的时间，而不是选择防霾功能好的口罩。口罩只可以在特殊的环境中使用，如在人多与空气流通不畅以及发生雾霾的地方使用。当然，如果人行走在野外，为抵御风沙与寒冷，或在有空气污染的环境中进行体育活动，也有必要戴口罩，但时间不宜过长。此外，在流感流行之际，以及很多存在大量病原菌的公共场所，也应该戴上口罩。戴口罩只是在一定程度上减弱雾霾带来的危害，要想真正不遭受雾霾的危害，理应做的是保护好环境。只有雾霾天气不出现，才可以不受雾霾的伤害。

患有心脏病或哮喘、肺气肿等呼吸系统疾病的人不适合长时间佩戴口罩。

（5）口罩清洁工作。洗涤时要先用开水将口罩烫 5 分钟。应该坚持每天对口罩进行清洗与消毒，不管是纱布口罩还是空气过滤面罩都可通过加热的办法对其进行消毒。具体做法如下。

①清洗。首先用温水与肥皂轻轻揉搓纱布口罩，碗形面罩可以用软刷蘸洗涤剂轻轻刷净，之后用清水洗干净。注意不要用力揉搓，否则会

导致纱布间隙过大而失去阻挡污染物的作用。

②消毒。把洗干净的口罩放在 2% 的过氧乙酸溶液中浸泡 30 分钟，或在开水里煮 20 分钟、放在蒸锅里再蒸 15 分钟，之后晾干备用。这种方法适用于纱布口罩与碗形面罩。

③检查。再次使用口罩之前，应该仔细检查口罩与面罩是否依旧完好，对于纱布口罩与面罩都可以采取透光检查法，也就是拿到灯前照看，看看会不会有明显的光点，中间部分和边缘部分透光率是否一致，如有问题应即时换新的。一般面罩与口罩在清洗 3～5 次之后就要更换，质量非常好的口罩可以清洗 8～10 次。防尘口罩要注意定期更换活性炭夹层，假如活性炭夹层不能更换，7～14 天就要更换新口罩。

（6）口罩要及时更换。口罩在连续或者累计使用达到 8 小时后应立即更换。一旦发现口罩损坏、脏污、潮湿或感到呼吸不畅时，不管时间长短，应该马上更换，并用塑料袋密封丢弃，避免二次感染。下列情况应尽快更换口罩：①口罩遭受污染，如染有血渍或飞沫等异物。②使用者感到呼吸困难。③口罩破损。④注意防尘滤棉。在面具和使用者面部密合良好的情况下，当使用者感到呼吸困难时，表明滤棉上已经附满了粉尘颗粒，应当更换新的。⑤注意防毒滤盒。在面具和使用者面部密合良好的情况下，当使用者闻到难闻的味道时，就应该换新的了，如图 3-4 所示。对最常见的无纺布一次性医用口罩，最好当天使用完之后就丢弃。

图 3-4　防毒滤盒

（7）可更换滤片式口罩效果不如一次性口罩。一次性口罩的过滤效果总体好过可换滤片式口罩。相对于一次性口罩，可换滤片式口罩不仅价格偏高，而且防护性能总体也比不上一次性口罩。

（8）戴好口罩很关键。

①戴普通医用外科口罩。首先将有颜色的一面朝外，将铝质压条贴住鼻梁，轻压，使鼻梁压条紧贴面部。然后将绑带绑于脑后（耳挂式将左右两绳扣在两耳上），上下拉开口罩的褶皱，使之展开，以发挥更好的防护效果。

②戴 KN90、N95 型口罩。

第一，将手放在口罩背面与绑带之间，指向口罩鼻夹，让绑带自然下垂。

第二，将口罩戴在口鼻部位，下面的绑带系在颈后耳际下方，上面的绑带系在脑后耳际上方。

第三，调整口罩鼻夹，使之紧密贴合面部，防止脸颊与口罩之间有缝隙。

第四，在保证舒适、易于呼吸的前提下，将绑带系紧。

第五，检查口罩是否有漏气之处。

③戴口罩的一般步骤。

第一步：将口罩绑带每隔 2~4 厘米拉松。

第二步：戴上口罩，将上下绑带分别置于耳朵以上脑后较高处和颈后耳朵以下。

第三步：按压口罩边上的金属条使口罩贴合自己的脸型。

第四步：检查口罩的密闭性，轻按口罩并进行深呼吸。

在进行最后一个步骤时，要求呼气时气体不从口罩边缘泄漏，吸气时口罩中央略凹陷。符合以上两点要求，才能判断为正确佩戴口罩。

（9）正确认识口罩。

①口罩只能降低受病毒感染的风险，不能保证绝对安全。

②戴好口罩后不要随意调整，也不要摘下来再戴上，以免双手被病菌污染。

③口罩不可重复使用，一离开高风险区，便应将其以塑料袋密封丢弃并洗净双手。在人多的公共场合使用后，也应将口罩以塑料袋密封丢弃并洗净双手。

④口罩不可与他人共用。

⑤如果口罩大小不合适，不要进入隔离区。

⑥一旦口罩潮湿，须马上更换新口罩。

二、雾霾天注意事项

雾霾天气引起能见度降低，给城市交通、生活和工作带来了很大影响。能见度差，平均车速也跟着下降，使交通比往日更加拥堵，人们在室外滞留，呼吸"毒气"的时间变长，不利于身体健康。同时，"雾里看花"的感觉更是让人提不起精神来，容易抑郁。不佳的天气加上不佳的心情，很容易造成交通事故。在这样的情况下，一定要调整好自己的心态，不要急躁。按喇叭和加塞抢行等行为只能让情况越来越糟，影响他人的心情，同时增加了行驶的危险性。

雾霾天气对长途出行的影响也比较大。雾霾发生时，能见度降低，高速公路通行受阻，车辆剐蹭、追尾等事故明显增多。当严重的雾霾天气出现时，高速路口大多封闭，人们只能"望路兴叹"，无法出行。此外，雾霾天气对航空飞行安全也直接构成严重威胁，雾霾发生时，严重影响飞行安全，导致机场关闭，航班取消，造成大量旅客滞留，影响运营秩序、降低工作效率，如图 3-5 所示。

图 3-5　雾霾天气的机场

持续的雾霾天气，会让不少居民在室外感到极不舒服，一些城市的居民选择暂停户外锻炼，尽量减少外出，并纷纷选购空气净化器，而那些不得不在户外工作的人们，依然坚守在岗位上。如环卫工人以及建筑工人，他们身处空气污染物浓度高的公路上或建筑工地中，比一般人处在雾霾天气中的时间更长，吸入污染物的量也要比其他人更多。另外，雾霾使大气能见度降低，也增加了他们工作的难度及强度。高强度的工作劳动使他们呼吸量大，长时间戴口罩容易呼吸困难，加上防范意识差，经常不戴防护口罩，增加了对污染物的吸收。

执勤的交警在雾气笼罩的车流中指挥着交通，由于雾霾天气容易导致交通拥堵及事故多发，因而他们的工作量更大了。同时，因为空气能见度降低，他们的身影在雾霾中时隐时现，容易被车辆驾驶人员忽视，增加了其工作的危险性。

大多数的户外工作者都在遭受着雾霾的摧残，建立户外工作者防护机制，加强对户外工作者的防护势在必行。

当雾霾天发生，应做到以下几点。

（1）少出门。减少出门是自我防霾最有效的办法。$PM_{2.5}$相关的流行病学研究表明，在排除了年龄、性别、时间效应以及气象等影响因素之后，$PM_{2.5}$浓度每增加3微克/立方米，居民全部死因的超额死亡风险就会上升2.29%，滞后时间一般在1~2天。心脑血管疾病上升的超额死亡风险更高，为3.08%。假如一定要出门，不能骑自行车，还要学会避开交通拥挤的高峰期以及车辆较多路段，避免吸入更多的有毒气体。最好也不要开私家车，多乘坐公共交通工具。

（2）外出戴口罩。外出一定要戴上口罩，这样就能够有效防止粉尘颗粒进入体内。口罩以医用外科口罩最佳，如图3-6所示。

图3-6　出门戴口罩

（3）做好个人卫生。从外面回到室内要及时清洗脸部、漱口、清理鼻腔，及时清洗身上所附带的污染残留物，以防止 PM$_{2.5}$ 对人体造成危害。洗脸时最好用温水，有助于洗掉脸上的颗粒。清理鼻腔时可以利用干净棉签蘸水反复清洗，或者用鼻子反复轻轻吸水并迅速擤鼻涕，同时注意避免呛咳。除了面部清理之外，身体裸露的部分也需要清洗。

（4）雾霾天气少开窗。在雾霾天气，尽量不要打开窗户。实在需要开窗透气的话，应当尽量避开早晚雾霾高峰时段，可以把窗户打开一条缝通风，时间每次以 0.5 小时到 1 小时为宜。同时，家中使用空调取暖的居民，要注意开窗透气，保证室内氧气充足。如图 3 - 7 所示。

图 3 - 7　雾霾天要适当通风

（5）饮食清淡，多喝水。雾霾天应该多食用清淡、容易消化，同时富含维生素的食物，多饮水（见图 3 - 8），多吃新鲜蔬菜与水果，这样不仅可以补充各种维生素以及无机盐，还可以起到润肺除燥、祛痰止咳、健脾补肾的效果。少食用刺激性食物，多吃梨、枇杷、橙子、橘子等具有清肺化痰效果的水果。

图 3 - 8　雾霾天多饮水

（6）适量补充维生素 D。雾霾多、日照少，紫外线照射不充足，人体内的维生素 D 就得不到及时补充，有些人还会因此精神不振、情绪烦躁，必要时可补充一些维生素 D。

（7）少抽烟。卷烟与雪茄以及烟斗在不完全燃烧的情况下会产生许多属于 $PM_{2.5}$ 范畴的细颗粒物，烟草烟雾包含 7 000 多种化合物，其中包含 69 种致癌物以及 172 种有害物质，会严重危害抽烟者本身及吸入"二手烟"大众的身体健康。在这种雾霾天气下，更要切记不要抽烟。

雾霾天气对身体和环境都会造成一定的危害，然而空气质量状况需要大家共同来维护。为了我们自身的身体健康，应当在雾霾天气来临之时尽量减少外出，必须外出时做好出门佩戴口罩等有效措施。平时也要尽可能少开车、多种树，多参加绿色环保活动等来改善和维护我们共同的生活环境。

三、选择好出门时间

在相同的气象条件下，同一座城市，在不同季节、不同时段的 PM 浓度是有差异的。了解不同时段的 PM 浓度变化规律，对于我们错峰出行和做好防护有很重要的作用。

以河北省石家庄市为例，石家庄市环境监测中心通过 4 个多月的监测和研究，发现大气中 $PM_{2.5}$ 小时浓度整体上呈马鞍形变化趋势：每天污染最严重的时段多出现在早晨 5 ~ 10 时，午后污染物浓度值逐渐下降至谷底，夜间又逐渐上升，直至次日清晨，呈周期性变化。为什么会这样呢？主要是其城市上空中 $PM_{2.5}$ 浓度一天内的变化特征和气象条件、污染物排放以及城市生活有关。石家庄市大气辐射逆温变化一般会从夜间开始，清晨达到最大，之后逐步减退，到了中午左右消失，而大气辐射逆温变化会引起污染物扩散能力降低，是造成空气中污染物在一日内出现规律变化的主要原因。此外，每天清晨也是市内各单位集中排放污染物的时段，而且机动车与行人出行密度大，机动车排放污染以及扬尘污染较重。

在几种因素的共同作用下，石家庄市环境空气主要污染物浓度呈现马鞍形的日变化规律。从历史数据分析可看出，从秋季即 10 月份开始，雾霾天气增多，12 月份最频繁，春季 3 月份开始减少，10 月至次年 3 月平均雾霾总天数约占全年的 80%。

北京的 PM_{10} 和 $PM_{2.5}$ 日变化均呈现如图 3-9 所示的双峰态势，在 8 时和 16 时左右出现最高峰。其中，加工业、土壤源对总悬浮颗粒物的"贡献"较大；加工业、汽车尾气对 $PM_{2.5}$ "贡献"较大；加工业、燃煤源对 PM_{10} "贡献"较大。再如天津的 $PM_{2.5}$ 有三个峰值，分别在 1~2 时、8~10 时、19~22 时，气象条件和早晚出行高峰是造成空气污染日变化特征的重要因素。

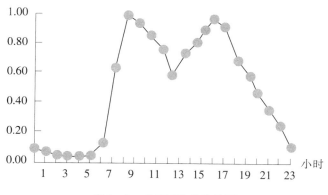

图 3-9　北京 PM 日变化图

而上海的一天中，早高峰 6~8 时污染较严重，主要是受汽车尾气影响；而 14~15 时处于光化学烟雾中（见图 3-10），二次气溶胶形成较多，也是一个污染段；20~22 时，尤其是 21 时左右，空气质量相对较佳，此时出门最为适宜。

而乌鲁木齐市环境监测中心站数据显示，该市 PM 浓度曲线基本上呈"W"形，春季峰值时间为 9 时；夏季峰值时间为 8 时；秋季 10 时、22 时为峰值；冬季 13 时到达峰值。

图 3-10　光化学烟雾污染

由于我国幅员辽阔，地理位置、季风气候、逆温强度等气候环境以及工业布局、社会发展水平各异，影响 PM 浓度变化的原因也各不相同。如太原市主要因产业布局；上海市等地主要因汽车尾气；武汉市 2012 年机动车 PM 排放量 4 910 吨，排放污染物总量 27.8 万吨；乌鲁木齐市主要因三面环山、远离海洋的地理位置。北方城市冬季烧煤取暖，平原地区麦收季节烧秸秆等，原因很多，导致各地在不同季节、不同时段的 PM 浓度变化有其独特规律。各地人群应留意各自所在地不同季节、不同时段的 PM 浓度变化规律，尽量错峰出行、锻炼和活动。总体上，各地上下班高峰期及其延迟期空气质量都较差，对于健身的老年人，以及出门买菜、购物者，最好错峰而行。运动爱好者可以在上班高峰期前或晚间锻炼，也可改室外运动为室内运动。而每天必须在上下班期间出行的上班族，应佩戴口罩。

四、雾霾天气护眼、护发及护肤

1. 雾霾天气护眼

眼睛无法离开空气，角膜即指黑眼珠上这层透明的薄膜，它的氧气供给有80%完全来自空气。为了保证角膜的光学效果等，眼球的表层有一层薄薄的水膜，即泪膜。不要小看这一层薄薄的泪膜，若没有它，看东西会变得模糊，眼睛的疲劳感与干涩感等就会异常明显。

泪膜还可以黏附细小颗粒。当空气周围的细小尘埃颗粒密度加大时，它们不仅会被吸入人的呼吸道危害我们的健康，而且会黏附在泪膜表面，并且很难脱离。假如这些细小的尘埃颗粒携带很多致病微生物，甚至还含有如酸、碱性刺激物化学成分，就会直接导致眼表组织遭受损害，使人出现眼痒、眼痛、眼酸等不适症状。这就是雾霾天眼病患者会显著增加的原因所在。

对那些在雾霾天使用角膜接触镜，即戴隐形眼镜的人来说，出现眼红、眼痛等眼部疾病的可能性就会更大。由于佩戴隐形眼镜相当于在眼睛角膜与空气之间增加了一层隔膜，这样就会减少角膜的氧气吸收量，佩戴隐形眼镜者的眼表对不良刺激的抵抗能力也就越差。而且目前的隐形眼镜采用的亲水性材质具备很强的吸附能力，黏附于其上的雾霾中的有害颗粒可能直接进入隐形眼镜材质内，久而久之，势必对患者眼部健康造成危害。

从医学的角度来看，建议人们在雾霾天气尽量回家或进入室内后再使用人工泪液等眼液湿润眼睛（见图3－11），从而冲洗掉眼表黏附的雾霾颗粒，减少其刺激与致病作用。对于长期佩戴隐形眼镜的人，则建议使用护理液滴眼，也是为了减少其表面黏附的雾霾颗粒。

图 3 – 11　使用人工泪液

　　雾霾天气时，人们常常使用口罩遮挡口鼻，减少污染物对呼吸道的伤害，然而眼睛却没有得到保护。通过雾霾天眼科的就诊情况可以发现，过敏性眼病患者明显增多，为了在雾霾天有效保护眼睛，专家提出了如下几个建议。

　　①雾霾天气时，减少在室外逗留的时间。由于老人和孩子的抵抗力弱，应尽量减少外出。在雾霾天气时，家庭应当关闭门窗，避免室内环境遭受污染，减少对眼睛所造成的危害，等到霾散日出之时再开窗换气。空气净化器的过滤网可以有效吸附有害物质，达到净化空气的效果。

　　②雾霾天气外出归来后，应该及时清洗身体皮肤，学会用人工泪液或清水冲洗眼睛，缩短细菌附着时间，从而保护眼睛健康。

　　③雾霾天气出现眼部难受时，不可自行随意购买眼药水滴眼，若没有对症下药反而会对眼睛造成影响。如果眼部不适应及时到正规眼科医院就医，保证眼睛健康。

　　④合理搭配饮食，平时应当多喝水，饮食要清淡，少吃刺激性食物，多吃豆腐、多喝牛奶等。

　　2. 雾霾天气护发

　　当下雾霾天气频发，空气中粉尘含有大量的工业污染物质以及有毒物质，会长时间附着在人的头发上，会对头皮造成伤害。

（1）雾霾天气对头发的损伤。雾霾天气时，空气中含有工业污染物质，大家都知道外出要戴口罩了，而戴口罩只算是对呼吸道的一个基本保护。要想杜绝雾霾天气对人体造成的伤害，首先尽量不要出门。必须出门时要做好全身的防范措施，身体有衣服包裹，面部有口罩保护，那头发该怎么办呢？这也正是我们容易忽略并且无可奈何的部分。很多人还没有意识到雾霾天气对头发到底有什么伤害，环境污染形成了雾霾天气，假如头发长时间暴露在雾霾之中，有毒气体就会乘虚而入侵蚀头发毛囊，会造成脱发严重的后果。因而我们每个人都要知道雾霾天气如何保护头发，避免对头发造成伤害。

（2）出门戴帽子，这样就能有效防护雾霾天气时有害气体对毛囊的侵蚀。在洗完头发之后应该适当涂抹护发产品，接着吹干，在吹干的过程中毛鳞片也会伴随头发变干而紧紧地闭合起来，再加上外面有一层保护膜，可以将伤害降到最低。

（3）及时彻底地清洗头发。雾霾天气下，假如长时间暴露在室外，回到室内最好首先用清水洗头，这样有害物质对头发的伤害相对也会减少，假如清洗得彻底，头发会免遭伤害。

（4）多吃具有排毒功效的食物。在我们的日常饮食中，要多吃有排毒功效的食物，如银耳、山药、百合、莲子、萝卜等，这些食材在体内都会帮助增加体液，提高淋巴系统的活性。此外，蔬菜瓜果都有滋阴润肺的作用，在雾霾天气下能够帮助人体更好地排毒甚至解毒。

（5）中草药泡洗头发。防止雾霾对头发的伤害，最行之有效的办法是采用天然植物中草药泡洗头发。中草药泡洗头发不会因为化学毒物残留而对头发造成再次污染，且可以深度清洁毛囊孔，保护头皮健康，促进头发生长，还可预防因雾霾导致的脱发与皮炎等症。中草药泡洗头发的周期是两天，每次泡洗之后，静待头发稍干，头部减少了火热感觉后，才可以外出。

（6）减轻静电的危害。北方的春天，沙尘天气极为常见，头发总是产生静电。原因是环境过于干燥，导致头发也干燥，让头发原本的"电容正负极"失去平衡。若自己的头发极容易起静电，那么在穿衣服时就不要穿那些摩擦力太强的衣服，比如真丝质地的衣服，应当多穿棉麻质地的衣服，头发起静电的现象也会减少。每天洗完头发用发膜代替护发素，增加头发蛋白质和水分，这样头发起静电的次数会减少。在用吹风机吹干头发之前，用护发乳涂抹头发锁住已经供给的蛋白质和水分。在恶劣的环境下，我们要从自身出发，做到有效防护，使我们的头发在雾霾天气中受到的伤害降到最小。

3. 雾霾天气护肤

皮肤是人身体最容易与雾霾接触的部分，虽然相对其他器官而言，皮肤有天生的表皮，可以在很大程度上不受雾霾的危害，但皮肤自我保护并非完美，在雾霾天我们也应做好保护皮肤的措施。重度雾霾时空气中的灰尘、硫酸、硝酸、有机烃类化合物等大量极细微的干尘粒子均匀地飘浮在空气中，使空气浑浊，视野模糊并导致能见度降低，这对我们的身体健康产生了严重的影响，严重影响了最直接接触雾霾的人体呼吸系统与皮肤。当人们在雾霾天气下进行户外活动时，空气中高度分布的$PM_{2.5}$粉尘会降落在人的皮肤表层，可引起皮脂腺与汗腺阻塞，导致皮肤炎。而对于敏感性皮肤的人，雾霾天气中一些重金属颗粒以及带有化学成分的颗粒会加重皮肤瘙痒的感觉甚至致使皮肤过敏。

雾霾天气中，空气中高度存在的粉尘以及直径 10 微米以上的颗粒物，还有大量的重金属颗粒，硫酸、硝酸、有机烃类化合物等大量的有化学成分的颗粒会降落在人的皮肤表面，使得免疫系统遭受强烈的微生物刺激，导致 Th2 免疫系统过度活化，其免疫系统平衡性遭到破坏，出现不平衡免疫应答，就很容易引起过敏反应，皮肤敏感或有逆敏性皮肤疾病的患者容易因雾霾天气的影响，加重皮肤瘙痒或皮肤过敏的发生。对付雾霾，大家虽会感到无能为力，但可以做到的就是做好防范措施以及个人卫生，这样才可以较好地避免雾霾所带来的危害。

（1）外出前做好防护。

①用安全并且温和的面霜打底。建议选择滋润、温和、无刺激的护肤品。

②使用隔离产品。建议使用隔离霜，并留心隔离产品的防晒指数，其能在一定程度上隔离污染空气。隔离霜的使用方法如下：首先，涂抹在两颊骨骼突出的地方，用中指和无名指由内向外轻揉。因鼻子容易出油，用量越少越好，由上往下轻轻带过。鼻翼部分容易堆积隔离霜，可

使用粉扑用按压方式涂抹。然后以画圆的方式涂抹下巴。眼部从眼头往眼尾方向按压式涂抹，用中指和无名指指腹轻轻按压。

③使用粉饼或散粉。使用粉饼时容易使灰尘直接附在皮肤表面，使肌肤更干燥，有可能出现肌肤呼吸不畅。建议使用散粉，因为散粉的颗粒较细，更贴合透气。

④在户外时，建议穿上长衣、长裤以减少肌肤和空气中有害物质接触的机会。

（2）外出归来后清洁皮肤。

①洗脸。粉尘和化妆品会堵塞毛孔，因而在洗脸前卸妆是极为重要的。洗脸之前一定要把手洗干净。先用毛巾蘸热水（40℃～45℃），轻拧一下，将其轻盖在脸上 2～3 分钟，目的是使毛孔打开，接着用 30℃～40℃的清水洗脸，再使用洗面奶。从额头开始，依次是太阳穴、眉、鼻、鼻翼两侧、眼周围、脸颊、口周围、下颌、脖子，用中指和食指打圈轻柔地清洗。再用水冲净洗面奶，用毛巾擦干脸。注意开始要用温度高一点的水，使毛孔遇热彻底打开，这样更容易洗干净。最后再用凉水洗，防止毛孔粗大。洗脸后用棉片蘸取具有软化角质作用的化妆水，擦拭鼻部。

②清洗其他裸露部位的肌肤。

五、雾霾天驾驶规则

雾霾天气给人们的出行与健康都带来了一定影响，有车一族如何开车更安全？掌握好以下安全驾驶规则十分重要。

1. 正确使用灯光

遇到雾霾天，哪怕是在白天，司机也能够利用汽车灯光来提高驾驶安全性。不过，使用灯光时要采用正确的方式，否则会适得其反。雾霾比较严重时，有些司机会下意识地打开大灯并且切换成远光灯，以为这样就能够看清前方的路，其实这种做法非常危险。汽车远光灯采用大面积照射方式，灯光在雾霾环境中会发生散射光，在车前形成白茫茫一片，反而干扰了司机的视线。正确的做法是打开前雾灯，和车上其他灯光相比，雾灯具有较强的穿透力，大灯的可视距离为 30～50 米，而雾灯有 100 米左右，可以更好地帮助司机看清前方的路。当能见度不到百米时，司机需要打开近光灯，不是用它来照射前方的路，而是为了提醒前方司机，避免他们在变道、转弯时没注意到后面有车而造成追尾事故，如图 3 - 12 所示。

图 3 - 12　雾霾天正确使用车灯

2. 注意保持低速

雾霾天开车，要严格遵守交通规则限速行驶，切忌开快车。雾越大，可视距离就会越短，车速就必须越低。当能见度介于 100 米和 200 米之间时，时速不能超过 60 公里；当能见度介于 50 米和 100 米之间时，时速不能超过 40 公里；当能见度在 30 米之内时，时速应控制在 20 公里以下。假如能见度低于 10 米，建议停在路边不要再继续行驶，注意一定要找一个绝对安全的地方停车。

3. 不要猛踩刹车

不要猛踩刹车是考虑到雾霾天没有办法分辨车距，若紧急踩刹车会让后车无法判断距离从而导致追尾。避免紧急刹车的最好办法就是慢速行驶，并且与前车保持较长车距。假如前方需要紧急制动，可以连续几次轻踩刹车，达到控制车速的目的，并能够有效提醒后车注意。

4. 两车道选外侧，三车道选中间

雾霾天出行本来视线就比较差，因此在行驶过程中，若是单向三车道，宁愿在中间车道行驶，也不要在两边车道行驶。因为此时能见度较低，如果道路两边出现异常情况，不太容易处理。

5. 设法除掉车内雾气

车外一旦有雾产生，车内也就自然会产生雾气。所以在行驶过程中，最好开启后窗除雾与后视镜除雾功能，并将出风口面向前风挡，尽量减少车内雾气的产生。

6. 控制车速，保持车距

雾霾天的能见度很低，路上若遇到紧急情况，如前车急刹、行人或非机动车横穿马路等，留给司机的反应时间很短，因此开车时要控制好车速，并与前车保持适当的距离。

7. 开启通风内循环模式

在有雾霾的环境中开车，司机应尽量少开或不开车窗，尽量避免悬浮污染物或者可吸入颗粒物进入车内。平时开车，大多数司机都会使用通风系统的外循环模式，而在雾霾天里，应该将车辆通风系统切换为内循环模式，关闭车内外的气流通道，防止外部的有害气体以及灰尘等污染物进入车内。现在不少新车型都配置有空气监测净化装置或负离子发生器，在一定程度上可以起到净化车内空气的作用。

8. 及时更换滤芯

雾霾不仅会对人体的呼吸道造成不好的影响，也会让汽车的"呼吸系统"遭受损害。汽车在雾霾天气中行驶，空气滤芯与空调滤芯更容易变脏，上面会吸附较多的灰尘、杂质、颗粒物，减少汽车进气量，造成发动机动力下降、润滑油路堵塞、空调风量不足等情况。时间一久，这些滤芯上的脏东西就会发生霉变，滋生细菌，并伴随着通风系统进入车内，使驾乘人员的身体健康受到威胁。假如频繁出现雾霾天气，司机应该缩短空气滤芯与空调滤芯的检查周期，如有必要，应及时对这些零部件进行更换。

9. 不可边开车边擦玻璃

建议使用空调的除雾挡迅速除雾，也可以在风挡上涂一些甘油、酒精、盐水甚至洗洁精。假如想用手擦去玻璃上的雾气，请停车后擦拭，千万不要边开车边擦玻璃。雾霾天气行车讲求一个字——"慢"，雾霾天致使我们在驾驶时的能见度极差，而我们又不可能在开车的时候戴上红外夜视仪，所以为了安全驾驶请一定要"慢"。

六、雾霾天儿童的自我防护

近年来，频繁出现雾霾天气，空气质量每况愈下，对各方面所造成的危害也在加重。雾霾中含有大量的细菌与病毒等病原体，还包含数百种大气化学颗粒物质。它们对儿童身体的危害特别大，因而儿童应当做好雾霾天的自我防护。

儿童的身体各器官与系统功能都未发育健全，假如长时间暴露在雾霾空气中，雾气进入肺部，这些有害物质就会对儿童肺部的纤毛运动产生负面影响，致使传染病增多，慢性呼吸道疾病加重，还会诱发其他多种疾病。那么在雾霾天气，儿童应如何自我保护呢？总的来说，雾霾天儿童防护措施如图3-13所示，即尽量减少外出和正确佩戴口罩。除此之外，还包括清晨喝一杯温盐水，多吃豆腐、多喝牛奶，均衡营养，增强免疫力。还要经常洗手。

1. 尽量减少外出

雾霾天少风，空气不畅通，原本飘浮在空气中的污染物会趁此机会进入人体的呼吸道，尤其会引起儿童的不良反应，严重者会引起哮喘、支气管炎、肺心病等。尽管戴口罩能够防止一些灰尘进入鼻腔，起到一定的保护作用，但即使是专业的医用口罩，其抵御能力也十分有限，因此避免儿童受伤害的最好的方法就是减少外出。

图3-13 雾霾天儿童防护措施

2. 注意通风换气

选择中午阳光比较充足并且污染物比较少的时候开窗换气，但时间不能够过长。还应该在自家阳台、露台、室内多种绿色植物，如绿萝、万年青、虎皮兰等绿色冠叶类植物来净化室内空气。可以使用空气净化器，要注意勤换过滤芯。

3. 外出戴口罩

早晚外出，应佩戴好医用或 N95 口罩用来降低呼吸道疾病的发生率。走路时尽量使儿童远离马路，因为在上下班高峰期与晚上时，大型汽车进入市区，这段时间污染物的浓度最高。儿童不适合太早出门，清晨时雾霾相对比较严重，伴随太阳的升起，雾霾也会有所缓解。不要做过于剧烈的运动，避免急促呼吸时把更多的污染物吸入肺中，哮喘患儿更应当减少运动。雾霾天湿气与寒气重，人体经络里的气血运行速度减慢，供给肌肉的营养也会更少，肌肉得不到充足的营养就会紧张，等肌肉重新恢复弹性了才可以保护身体免受损伤。

4. 多吃豆腐、多喝牛奶

雾霾天阳光不足，可能会影响儿童对维生素 D 的吸取，导致其身体缺钙。人体所需要的维生素 D 大部分都需要通过晒太阳来获取，而维生素 D 能够促进钙的吸收。如果一两个月都日照不足，可能会导致儿童缺钙。

5. 饮食清淡

尽量不吃刺激性食物，多食用新鲜蔬菜和水果，以补充各种维生素与无机盐，还可以润肺除燥、祛痰止咳、健脾补肾。如图 3 - 14 所示。

图 3 - 14　雾霾天多吃蔬菜水果

6. 注意个人卫生

外出回家后应该首先换掉外衣与外裤，清洗裸露在外的皮肤，把在室外所附上的病毒隔离掉。患有近视的儿童，扬尘天气不适合戴隐形眼镜，因为粉尘进入眼睛容易造成其与隐形眼镜之间的摩擦，从而引发眼部疾病。

7. 适当保暖

应将家中门窗关闭，室内温度维持在18℃～22℃，避免温差太大。湿度维持在45%～55%，还应多喝水维持呼吸道湿润。避免穿太厚，防止中暑。

8. 关节多"穿一件"

雾霾天湿气大，温度较低，因此要特别注意关节的保暖。假如潮湿阴冷的雾霾天气持续时间超过一周，那么慢性骨关节炎的患儿就要注意了，雾霾天可能会诱发骨关节肿胀、疼痛，导致活动不方便。因此，在雾霾天可给关节多加个保护层，如护膝。

在平时生活中，毛绒玩具表面的灰尘与细菌较多，尽量让儿童少玩或常清洗；平时儿童的活动应远离污染严重的交通干道；临街住的，避免在交通高峰期打开窗户通风。在冬春季传染性疾病如流感等高发季节，可以提前给儿童注射疫苗。

七、特殊人群的雾霾防护

应对雾霾天气，除了之前提到的适用于普通人群的防护措施外，对于重点关注人群还需要注意一些事项。根据年龄、职业性质、特殊生理状态的不同，以下分别就老年人、室外作业人员、孕妇、患有慢性疾病的人群等介绍相应的防护措施。

1. 老年人的雾霾防护

老年人在室内的时间比较多，要格外留心室内卫生的清洁状况，习惯用笤帚扫地的老人可试着改用吸尘器清洁，地毯、抹布、沙发套等应勤清洗；煎、炒等传统烹饪方法容易产生大量油烟，污染室内空气，建议在家做饭多使用蒸或煮等方式。

老年人可以使用吸氧机改善健康状况，空气中污染物增多会降低含氧量，单次呼吸的氧气就会减少，若机体始终处于低氧状态，对身体健康很不利。所以高龄人群与体弱多病者是呼吸系统以及心血管系统疾病的易感人群，在污浊的空气下，他们通常最先受到影响，建议这类人群在平时根据自身需要使用吸氧机来改善健康状况。平时习惯晨练的人，在雾霾天最好将室外晨练转为室内晨练。同时，饮食要尽量清淡，少吃刺激性食物，多饮水。

雾霾较严重时，尽量避免让老年人接送孩子上下学，因为老年人的心血管与呼吸系统都比较脆弱，如果在雾霾严重时出行，健康风险就会增大。

2. 室外作业人员的雾霾防护

雾霾天气持续发生，会使不少长时间处于室外的人感到难受，尤其是需要长时间在室外工作的作业人员，比如建筑工人、环卫工人、交警等，他们暴露在雾霾中的时间较长，接触量也较大。因此，强调与关注室外作业人员在雾霾天气的防护非常有必要。应做到以下三点。

（1）佩戴防护工具，如防尘口罩。具体参考前面介绍的口罩选择标准、佩戴方法及清洗事项等。

（2）回家后，脱掉被污染的衣物，清洗脸部、头发和裸露的皮肤，最好洗个澡，将附着在身上的有害物质颗粒彻底冲洗干净。

（3）增加换班次数来减少暴露于室外的时间。

3. 孕妇的雾霾防护

在雾霾天气，孕妇尽量不要出门，或等雾霾结束后、雾霾较轻时出门。最关键的是在家中要做好自我保护的措施。应做到以下三点。

（1）注意休息。孕妇要注意休息，避免过度操劳，保证充足的睡眠，保持愉快的心情。同时应适当活动。

（2）营养搭配合理。多吃含锌食品。人体缺锌时，呼吸道防御功能会下降，孕妇需要比平时摄入更多的含锌食物，如海产品、瘦肉、花生米以及豆类食品。另外，还应多补充维生素 C。维生素 C 能够促进呼吸道纤毛运动以及提高防御功能。因此要多食用富含维生素 C 的食物或维生素 C 片剂，富含维生素 C 的食物有番茄、柑橘、猕猴桃、西瓜等。

图 3 - 15　雾霾天多吃增强免疫力的食物

（3）提高室内空气的相对湿度。尤其到了冬季，在室内要注意保湿。多喝水对于预防呼吸道黏膜受损和感冒有很好的效果，人每天最好喝 1 500 ~ 2 000 毫升水。在地面洒水或放一盆水在室内，以及使用空气加湿器或负离子发生器等，以增加空气中的水分含量。

4. 患有慢性疾病人群的雾霾防护

（1）雾霾会引起患有哮喘、慢性支气管炎、慢性阻塞性肺病等呼吸系统疾病的人群出现气短、胸闷、喘憋等不适症状，可能造成肺部感染，或出现急性加重反应。糖尿病患者因自身抵抗力较弱，更易患感冒。$PM_{2.5}$ 对患有心脑血管疾病等慢性病的人群有较大的伤害，会增加心脏病患者的心脏负担，诱发脑梗死等。

（2）呼吸道疾病患者特别是呼吸困难的人，应尽量减少外出，因为戴上口罩后人为地制造了呼吸障碍，心脏病、肺气肿、哮喘患者不适合长时间戴口罩。有慢性病的患者，应避免在清晨雾气正浓时出门购物、参加各种户外活动，要多饮水，注意休息。若身体出现不适，应尽快就医。大雾天气压较低，高血压和冠心病患者不要进行剧烈运动，避免诱发心绞痛、心衰。

（3）心血管疾病患者的自我防护。在雾霾天，心血管疾病患者应加强防护，适当减少户外活动。出门时佩戴薄口罩，外出回来后应马上清洗面部以及裸露的肌肤。对于有呼吸系统疾病的人或老年人来说，戴口罩也可能导致呼吸困难，因而建议适当调整口罩，因人而异。雾霾来临时，应暂停晨练。早晨一般是雾霾最浓的时候，此时锻炼将吸入大量有害物质，造成咽喉、气管和眼结膜炎症；由于雾中水汽多，氧气含量相对较少，而心血管疾病患者对氧需求较高，若长时间在雾霾中运动，则容易出现头晕、恶心、乏力等症状。

（4）慢阻肺患者的自我防护。"慢阻肺"为"慢性阻塞性肺疾病"的简称，是一种严重的呼吸系统疾病，包括慢性支气管炎和阻塞性肺气肿。严重时，可引发慢性肺源性心脏病、呼吸衰竭和心力衰竭等，甚至危及患者生命。慢阻肺的发病时间通常在季节交替时。每逢雾霾天气，慢阻肺患者明显增多，所以建议有呼吸系统疾病者雾霾天避免户外活动，并采取一些防护措施。

（5）因雾霾产生的不适症状以及应选择的保健食品。

①咳嗽。一般性轻度咳嗽，可先通过饮食来调理。适当进食养阴生津食品，如莲藕大米粥、山药粥、大枣银耳粥，可润燥止咳。若咳嗽超过一周，且发作较为频繁，并伴有咽喉疼痛、声音嘶哑、胸痛等症状，要及时就医，以免延误病情。

②喉咙干痒、痛。如果觉得喉咙干痒或疼痛，则要避免食用辛辣食品，要多饮水，可饮用枸杞菊花茶等，还可适当含服一些具有薄荷成分的润喉片。此外，可泡苦丁茶来喝，因为苦丁茶有清凉之感，有止痛的效果，又因蜂蜜也具有解毒止痛的作用，苦丁茶里可加少许蜂蜜，尽量让茶水接触咽喉，先含在嘴里，每次含漱 1 分钟再咽下去，一般 5～7 天为一个疗程。

③鼻干。如果仅仅是鼻子干，未出现鼻子出血的症状，可多食用莲藕、白茅根、柿子等来润燥；也可涂抹少许鱼肝油。还可用自我按摩法，两手合掌并上下搓擦，等手掌双侧鱼际肌发热后再揉搓鼻子两侧，早晚各一次，每次 50 下，以促进血液循环，改善不适症状。

④眼干。雾霾天气会刺激眼睛，甚至可诱发结膜炎、角膜炎。眼睛干涩时，一定注意不要用手揉搓眼睛，应多食用柑橘类水果、绿色蔬菜、谷类、鱼和鸡蛋，多饮明目养生茶。可饮用枸杞菊花茶，取枸杞 10 克、菊花 10 克，用沸水冲泡即可。菊花具有散风热、清肝明目的功效，而枸杞也有利于缓解眼睛干涩，常饮此茶，可以有效缓解眼部不适，如图 3-16 所示。

图 3 - 16 枸杞菊花茶

（6）雾霾天的有益药膳。

①清咽利肺——罗汉果茶。将罗汉果洗净去壳、掰碎放入茶壶中，用沸水冲泡后，焖 5～10 分钟即可饮用。罗汉果是清咽利肺、止咳化痰的首选。清晨的雾最浓，人在上午吸进的灰尘杂质较多，所以午后喝罗汉果茶能够及时清肺。

②润肺养肺——雪梨炖百合。将百合浸泡 30 分钟，在开水锅中煮 3 分钟后捞出沥干；轻轻挖去雪梨梨心，洗净切块；将百合、雪梨块放入砂锅中，加入适量水，用小火煲 20 分钟，再加入冰糖，待冰糖融化后即可食用。

③排毒润肠——韭菜滚猪血汤。将猪血洗净切块、韭菜洗净切段，生姜去皮后切大块，并用刀背将其拍裂。在锅中加入清水、姜，大火煮沸后，加入猪血、韭菜，适量食盐、麻油及少许胡椒粉，待煮沸后即可食用。猪血中的蛋白质经人的胃酸分解后，可产生一种有消毒与润肠作用的物质，这种物质能和进入人体的粉尘以及有害金属微粒起生化反应，之后通过排泄把这些有害物质带出体外。因而，猪血也被称为人体污物的"清道夫"。

八、雾霾天健身要领

运动的场所除了户外，也可以在室内。运动的项目除了有氧锻炼还有力量练习、柔韧练习、平衡练习等，这说明雾霾天我们也能够进行一些适当运动，如图 3 – 17、图 3 – 18 所示。

图 3 – 17　户外运动

图 3 – 18　室内运动

1. 雾霾天锻炼要小心

不管什么天气，有些人也一直保持着锻炼身体的习惯。有毅力是好事，但应在合适的环境中锻炼，若在雾霾天锻炼就有些得不偿失。雾霾天，污染物和空气中的水汽相结合，变得不容易扩散和沉降，使得污染物大部分集聚在人们经常活动时的高度。而且，一些有害物质和水汽结合，会使得毒性更大，如二氧化硫变成硫酸或亚硫化物，氯气水解为氯化氢或次氯酸，氟化物水解为氟化氢。所以，雾霾天气的污染比平时要严重得多。另外，组成雾核的颗粒很容易就会被人吸入，并在人体内长期滞留，而锻炼身体时吸入空气的量比平时多很多，而雾霾天锻炼身体吸入的颗粒会更多，加剧了有害物质对人体的损害程度。

如果长时间处在污染严重的环境中，人体会吸入更多有害物质，造成内损，极易诱发或加重疾病，特别是一些患有支气管哮喘、肺炎等呼吸系统疾病的人，会出现血液循环障碍，致使人患心血管病、高血压、冠心病、脑出血等。对此，体育专家建议：选择一些适合的室内运动项目，完全可以达到户外运动带来的效果。如羽毛球、乒乓球等。

2. 雾霾天尽量在室内锻炼

对长期在室外进行健身走或跑步等有氧锻炼的人来说，追求的就是心跳加快并且大汗淋漓的运动状态。在连续不断的雾霾天，我们做以下运动同样可以达到这样的效果。

（1）爬楼梯。爬楼梯是一项比较好的有氧运动，它能增强人的心肺功能，使血液循环畅通，保证心血管系统的健康；同时可以增强下肢肌肉力量，强健骨骼，促进骨组织的新陈代谢，防止骨质疏松症。爬楼梯消耗的热量和登山差不多，适合想瘦身减脂的人。爬楼梯时膝关节部位承受负荷比较大，有膝关节部位损伤与疾病的人则不适合此项运动。上下楼梯要把握好节奏，速度不可以过快，以防摔倒。体力好的人可以速度快些，体力虚弱的人可以速度慢些。

（2）跳绳。连续跳绳 10 分钟，与慢跑 30 分钟或跳健身舞 20 分钟的运动效果相差无几，真可谓耗时少、耗能大的有氧运动。跳绳可以增强人体心血管、呼吸以及神经系统的功能，可以预防糖尿病、关节炎、肥胖症、骨质疏松、高血压、肌肉萎缩、高血脂、失眠症、抑郁症、更年期综合征等多种疾病。跳绳是一项协调全身的有氧运动，可以增加全身肌肉的强度，摇绳时，手臂与肩膀的参与可以让肩部的肌肉得到锻炼，能够有效缓解肩颈酸胀疼痛的情况。跳绳者应当穿质地软、重量轻的高帮鞋，避免脚踝部遭受伤害。选择木质地板比较好，切莫在硬性水泥地上跳绳，避免损伤关节和引起头昏。体形肥胖者与中老年人适合采用双脚同时起落的跳绳方式。同时，不可以跳得太高，以防止单脚跳时关节因为过于负重而受伤。

（3）蹲起。中老年朋友平时在室外大都进行有氧锻炼，雾霾天无法进行室外锻炼，只能在室内进行一些力量练习。老年人体力下降主要是肌肉萎缩与肌力下降以及脂肪增加所致。需要注意的是，老年人下肢力量减弱，更容易跌倒，容易导致骨折或其他损伤。50 岁以上的人群，肌肉损伤是常发生的，可通过力量练习缓解这一现象。人体 40% 以上的能量消耗是由肌肉产生，力量锻炼能够促进肌肉增长，加强基础代谢。伴随肌肉增长，肌肉中的毛细血管也会跟着增加，这样可以增加外围的血流量，减轻心脏负荷，从而预防心血管疾病的发生。

蹲起时双脚分开和肩同宽，上身挺直，可以稍微向前倾，不过不能弯腰；蹲下时膝关节尽量不要超过脚尖；膝关节要一直向前，不能呈"内八字"，且不可以晃动；起来时要有意识地使臀部先用力；整个过程应保持匀速。做蹲起时可以根据个人习惯，双手抱头或双手平举，也可以双手叉腰。根据自己的能力确定下蹲的深度或负重（手拿哑铃或装有水的瓶子），或者单腿蹲起。尽管蹲起练习是一种很好的锻炼方法，但老年人锻炼时应当注意动作要轻缓，避免长时间蹲下后因突然站起而头晕，必要时可手扶座椅做蹲起练习，以防摔倒。

3. 健身房锻炼应避开健康隐患

由于雾霾天气频繁，再加上冬季户外严寒，现在许多人都喜欢去健身房锻炼。需要提醒大家的是，健身房空间十分有限，活动人员较多，器械公用，很容易造成室内环境污染，因而在健身房锻炼应避开健康隐患。

在选择健身房时，应做好考察工作，选择通风条件好并且空间宽敞的健身房。此外，要观察健身房的工作人员是否常对健身器械及卫生用品进行清洁消毒，以及更衣室、浴室、卫生间等区域的卫生状况是否良好等。健身者在使用健身器械前后，要彻底清洗双手，自备干净毛巾擦汗，避免直接用手擦。若不确定是否有人为健身器械消毒，可以自带湿巾擦拭，减少细菌。假如自己感冒了，就不适合去人多的健身房锻炼。

4. 雾霾天健身锻炼的营养补充

雾霾天气运动前，可准备一份特别饮品，给运动中的身体提供养分。如一杯富含各种矿物质和能量的润肺运动饮料，既可以补充人健身时流失的水分和电解质，又可以在雾霾天气给肺脏解压，舒缓身体。但需要注意，红糖或冰糖不宜放太多。

5. 雾霾天中老年人巧锻炼

天气好时，很多中老年人都可以保持每天早晨跳一个小时的广场舞，晚上健步走一个小时。然而在雾霾天，许多有户外锻炼习惯的中老年朋友突遇难题。那么中老年人在雾霾天该如何运动呢？

（1）雾霾天最好不要晨练。

清晨是一天中雾霾比较严重的时刻，雾霾中的 $PM_{2.5}$ 可深入细支气管与肺泡，而且很难脱落，直接影响肺功能，再加上冬天寒冷的空气还会造成冷刺激，极易导致食管痉挛、血压波动、心脏负荷加重等。晨练时，伴随活动量增大，人的呼吸加深、加速，自然会吸进空气中更多的有害物质。假若需要锻炼，最好等太阳出来以后，上午 10 时至下午 18 时为宜，这时太阳出来照射地面，使大气上下产生对流，污染的空气向高空扩散，对人体的危害会降到最小。

（2）不要在户外进行高强度的锻炼。

雾霾持续时间比较长且程度较为严重，假如进行高强度的运动，势必吸入更多的有害物质。出汗后，毛孔张开，皮肤也易吸收有毒的细颗粒物，这些细颗粒物难免会堵塞在毛孔中形成黑头，造成毛孔阻塞、角质堆积、肌肤起皮等肌肤问题。

雾霾天的运动锻炼，哪怕在户外运动，也要选择环境相对好的地方，控制好运动量和运动强度，这样不仅锻炼了身体，而且不至于强度太大，吸入太多的有毒物质。

（3）慢性病族保持温和运动。

雾霾天气气压很低，空气中悬浮着尘埃等有毒颗粒，这时候患有慢性支气管炎、支气管哮喘、高血压、冠心病等慢性病的中老年人都应该自觉避免在户外运动。可以选择一些可在室内做的保健操或者绕臂运动。保健操主要是活动四肢关节，加强血液循环，强度不大却有一定保健功效，体质较差的慢性病患者也可以进行一些简单的绕臂运动。绕臂，就是手臂的运动，如甩手、画圈、击掌、抛球等动作。它比其他运动更加温和与安全，对下肢的髋关节、膝关节也不会产生损害，还可以坐着、躺着进行。

（4）化整为零进行低强度的锻炼。

天气好时，持续跑步 0.5 个小时至 1 个小时，出一身汗，洗个澡，整个人就会神清气爽，但在雾霾天不可以这么做。假如实在想出去活动，可以采取化整为零的方式，把 0.5 个小时分为 3 个 10 分钟进行，每 10 分钟按照小于平时的运动强度进行锻炼，尽量不要呼吸太快，充分休息后再进行下一个 10 分钟的锻炼，这种锻炼方式与一次性锻炼 0.5 个小时的效果一样。

第四章　室内防霾技巧

一、室内雾霾不可小觑

（一）室内空气质量问题多

为了避免室外雾霾的危害，人们可以戴口罩，穿长衣，少出门。但如果室内空气也被污染的话，其危害程度不低于户外的雾霾，因此也要重视室内的空气质量。通常室内空气污染是指室内空气中污染物质的浓度达到了有害程度，对人体健康造成危害。形成室内空气污染物的三大要素是污染源、空气状态和受体。

通风是减轻室内空气污染有效、便捷的措施之一，但雾霾天气要尽量少开窗户。这说明既要关注室外，也要关注室内的空气污染，需要"内外兼修"才行。

一般室外空气的含尘浓度低于室内浓度，但有时室外污染是室内的尘源，尤其靠近路边的建筑，汽车排出的尾气成为室内主要的污染源。室内空气污染物种类复杂，而且浓度较低，因此对人体健康的影响具有长期性及慢性性质。全世界每年有 2 400 万人的死亡原因与室内污染密切相关，所以室内空气污染与高血压、胆固醇过高和肥胖症等被列为"人类健康的十大威胁"。

北京曾在全市随机抽查了 6 座新建高档写字楼，对其室内空气质量进行严格检测，结果令人大吃一惊。室内空气中的有害气体氨含量的超标率竟高达 80.5%，臭氧含量的超标率为 50%，甲醛含量的超标率为 42.11%。美国安内维尔技术有限公司北京代表处在 2000 年 2 月租用了时代广场的一间办公室，同年 4 月装修使用之后，员工们马上感到办公室内有极浓烈的异味，引起员工头疼、咳嗽以及眼睛发酸等症状。后委托相关部门对写字楼内空气质量进行检测，结果发现室内氨的浓度严重超标，达到 8 毫克/立方米，超过国家标准 16 倍。

除此之外，上海瑞金路有座三资企业云集的著名大厦，一家刚入驻7 个月的公司，员工纷纷出现头疼、胸闷、嗜睡等症状，致使公司无法正常运行。后经专家测定，该大厦的甲醛超出国家卫生标准 30%～70%。专家估计，在写字楼内工作的人员当中，由于建筑物患病的占25% 左右。专家们在调查英国 500 个办公室时发现，1/8 的办公室空气质量为不合格，导致员工出现长期疲劳以及皮肤变粗糙等症状。香港环保署抽查统计，有 37.5% 的写字楼内的空气质量超标。另外，根据有关国际组织调查统计，全球 30% 的新建与重建的建筑物中都发现有有害于健康的室内空气。

室内空气质量问题不仅出现在写字楼内，也同样存在于居民住户中。中国消费者协会曾在 2002 年 8 月在北京与杭州分别对几十户家庭居室内的空气进行抽样检测，结果显示，有毒气体甲醛浓度超标分别高达 73.3% 与 79.1%，最高的超标十多倍。除此以外，挥发性有机物、苯的超标情况也较严重，分别占 20%、43.3%。很多消费者反映搬入新居后，眼睛与鼻子感到不舒服，有的甚至感到头疼、乏力、精神不振等。

室内空气污染可使室内某个或多个环境要素发生变化，导致人们的生活、工作、娱乐、休息条件受到冲击或失去平衡，环境系统的结构和功能发生变化。这种因室内空气污染而引起环境变化的现象，被称为"室内空气污染效应"。

（二）室内也有 $PM_{2.5}$

雾霾中对人类危害最大的就是 $PM_{2.5}$，室内也存在 $PM_{2.5}$，如果不加以防范也会危害身体健康。

1. 室内空气与健康息息相关

室内环境是人们生活、工作和学习的主要场所。在人的一生中，80% 以上的时间是在室内度过的，婴幼儿、孕妇、老弱病残等人群在室内停留的时间更长，因此室内空气质量的优劣与每一个人的健康息息相关。

人类生存脱离不了空气。一个人可以 7 天不进食，5 天不饮水，但离开空气 5 分钟就可能死亡。对于一个成年人，每天呼吸的空气为 10 ~ 12 立方米，约 20 千克，相当于一天食品重量的 10 倍，这说明空气对于人的生存来说是必不可少的。成人在平静状态时，呼吸频率为 16 ~ 17 次/分钟，婴儿呼吸频率为 30 ~ 40 次/分钟。人们可以选择无污染的水以及食物，却很难选择所呼吸的空气。而呼吸又是人们接触空气污染的主要途径。研究表明，人们 68% 的疾病是由于室内空气污染造成的，因而对于健康的生活来说，室内拥有新鲜空气，也就是好的空气品质是十分重要的。

雾霾也许不能威胁到我们紧紧防护的家居内部，但在公共的室内场所，雾霾的传播极少受到阻碍。在各种公共的室内场所，当呼吸道传染病患者、带菌者吐痰、咳嗽、打喷嚏时，都会造成室内空气污染，传播流感病毒、结核杆菌、链球菌等多种病菌。

2. 减少 $PM_{2.5}$ 有助于延年益寿

尽管 $PM_{2.5}$ 只是地球大气成分中含量很少的组分，但其对空气质量以及能见度等有重要的影响。和较粗的大气颗粒物相比，$PM_{2.5}$ 粒径较小，富含大量的有毒或者有害物质且在大气中停留的时间长、输送距离远，因而对人体健康与大气环境质量的影响更大。

气象专家与医学专家认为，由细颗粒物造成的雾霾天气对人体健康的危害甚至比沙尘暴还要大。粒径在 10 微米以上的颗粒物，会被阻挡在人的鼻子外面；粒径在 2.5~10 微米的颗粒物，可以进入人的上呼吸道，部分可通过痰液等排出体外，或被鼻腔内部的绒毛阻挡，对人体健康的危害相对较小；粒径在 2.5 微米以下的细颗粒物，直径相当于人类头发直径的 1/20 左右，不易被阻挡。被吸入人体后会直接进入支气管，严重干扰肺部的气体交换，诱发包括哮喘、支气管炎以及心血管病等方面的疾病。

这些颗粒还可以通过支气管与肺泡进入血液，其中的有害气体、重金属等溶解在血液中，对人体健康的伤害更大。在欧盟国家中，$PM_{2.5}$ 致使人们的平均寿命减少 8.6 个月。$PM_{2.5}$ 还可变成病毒与细菌的载体，为呼吸道传染病的传播推波助澜。数据表明，美国的匹兹堡、布法罗以及纽约市治理空气质量的效果最明显，空气污染值降到 0.014 毫克/立方米，人均增寿约 10 个月。洛杉矶、印第安纳波利斯以及圣路易斯的人均寿命增长约 5 个月。美国专家研究发现，每立方米空气中悬浮粒子每减少 10 微克，当地居民的人均寿命就可以延长 7 个多月，这一发现可以有力证明空气质量的改善对人体健康有益。根据相关数据可知，中国空气质量超标的城市中，68% 存在着可吸入颗粒物污染问题，雾霾的频繁发生正是空气污染严重的体现。

（三）吸烟产生 $PM_{2.5}$

几乎人人皆知"吸烟有害健康"，尽管如此，还是有很多烟民。吸

烟还会产生大量的 $PM_{2.5}$，不仅危害自己，还会危害他人。那么吸烟究竟对人体有哪些危害，我们又该如何解烟毒呢？

1. 吸烟与 $PM_{2.5}$

虽然富含大量有毒有害物质的 $PM_{2.5}$ 多来自工业废气和汽车尾气，殊不知，一些不良的生活习惯也会使我们陷入 $PM_{2.5}$ 的危害中。如吸烟会使室内 $PM_{2.5}$ 浓度值迅速飙升。在点燃香烟之前，测得客厅 $PM_{2.5}$ 浓度值非常低，在监测仪前不远的位置点燃一根烟，监测仪显示屏上的数字立即飙升，一分钟后，一根烟还没有抽完，监测仪测得室内 $PM_{2.5}$ 浓度值升高了 6 倍多。一根香烟可以让一间客厅的 $PM_{2.5}$ 浓度飙升这么多，实在令人感到震惊。

根据专家介绍，由于香烟中含有诸多致癌物质，在所有燃烧过程产生的 $PM_{2.5}$ 中，香烟的烟雾对人体伤害最大，而且当人们闻到烟味时，此时空气中的 $PM_{2.5}$ 浓度已非常高了。在空气不畅通的室内，只要有人吸烟，香烟烟雾里的 $PM_{2.5}$ 就会很快悬浮在空气中，通过扩散还会被附在被子、衣服及窗帘上，变成"二手烟"甚至"三手烟"，并且无法通过通风以及空气过滤等装置将其排出室外。所以，只要有人在室内吸烟，室内就会残留烟草烟雾中所带有的有毒成分，即使人在外面吸完烟再回家，残留在衣服上的 $PM_{2.5}$ 依然会被带回家，给其他家庭成员带来伤害。

实验表明，所有人既是 $PM_{2.5}$ 的受害者，也很有可能是 $PM_{2.5}$ 的制造者。抽烟不仅能生成大量的 $PM_{2.5}$，而且其中的有毒有害物质更是危害人体健康的罪魁祸首。如果能在家中少抽一根烟，也许就可以使家人远离或减轻 $PM_{2.5}$ 带来的伤害，使得自己和家人甚至子孙后代可以保持健康。

烟草烟雾中富含 7 000 多种化合物，其中包含 69 种一类致癌物质与 172 种有害物质，可致心脏病、支气管炎、哮喘及肺癌。实验证实，在有人抽烟的室内，来源于二手烟的微颗粒物占室内 $PM_{2.5}$ 量的 90% 左右。烟尘颗粒的粒径几乎全部小于 2.5 微米，因而香烟吸进去的颗粒，接近 100% 都属 $PM_{2.5}$，吐出的烟圈也是如此。而且"二手烟"受害者的程度和吸烟者一样。

2. 烟毒猛如虎

（1）尼古丁。尼古丁是一种难闻、味苦并且无色透明的油质液体，挥发性很强，在空气中很容易就被氧化成暗灰色，可以迅速溶于水及酒精中，通过口鼻支气管黏膜被机体吸收。附在皮肤表面的尼古丁也可以被吸收渗入体内。当尼古丁进入人体后，会对人体产生许多副作用，比如尼古丁可以使人的血管收缩、心跳加快、血压上升、呼吸变快及精神状况改变，并促进血小板凝集，是诱发心脏血管阻塞、高血压、中风等心脑血管疾病的主要帮凶，如图4-1所示。

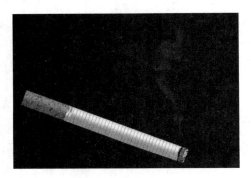

图4-1 香烟中含尼古丁

（2）氧化物质过量。抽烟会迅速消耗人体中的抗氧化素和维生素，而身体中的氧化物质随之增加，假如不能及时补充就会发生过氧化作用。

（3）防癌的硒元素含量下降。研究发现，吸烟会造成人体血液中的硒元素含量偏低，而硒是预防癌症不可或缺的一种微量元素。假如体内硒缺乏，肠道、前列腺、乳腺、卵巢、肺发生癌变的概率及白血病发病概率都会增大。

（4）胆固醇及脂肪在体内堆积。由于吸烟可使血管中的胆固醇以及脂肪沉积量加大，大脑供血量减少，容易导致脑萎缩，加速大脑老化等，因此应少吃含脂肪酸的肥肉，并相应食用一些可以降低或抑制胆固醇合成的食物，如牛肉、鱼类、豆制品及一些高纤维性食物，或辣椒粉、肉桂及水果和蔬菜等的皮壳。

（5）毒物在体内滞留。烟雾中的一些化合物能够导致动脉内膜增厚，胃酸分泌量明显减少及血糖增高等。吸烟不是好事，尽管可以通过以上各种食物抵消一些烟草对健康的负面影响，但长年累月的烟毒必然会堆积在体内，给身体带来很大的伤害。所以，为自己，也为家人和朋友的健康，请戒烟！

二、空气净化器的选购及使用

（一）空气净化器的原理

空气净化器是可以分离和去除空气中的一种或多种污染物，用来净化室内空气的家电产品，又称空气清洁器、空气清新机，如图4-2所示。空气净化器可以通过吸附、分解或转化，减少各种空气污染物，有效提高空气清洁度。目前，使用空气净化器净化室内空气，是国际公认的改善室内空气质量的最简捷有效的方法。

空气净化器有多种不同的技术和介质材料。常用的空气净化技术有低温非对称等离子空气净化技术、吸附技术、负离子技术、负氧离子技术、分子络合技术、光催化技术、HEAP高效过滤技术、新一代静电式高频高压除尘灭菌技术、活性氧技术、室温催化氧化甲醛和催化杀菌等。介质材料主要有光催化剂、活性炭、合成纤维、HEAP高效材料等。国内市场现有的空气净化器多为复合型，即同时采用了多种净化技术和介质材料。

图4-2　空气净化器外形及工作示意图

空气净化器有立式、台式、挂式等形式，也有的是安装在集中空调系统上的空气净化装置。广泛用于办公室、宾馆、民用住宅、医院病房以及其他需要净化空气的实验室以及计算机房等场所。市场上新型的空气净化器不仅具有多重净化室内空气的功能，而且具有监控室内空气质量、自动检测烟雾、自动检测滤芯材料的清洁程度和释放负离子等功能。不仅能清洁空气中的有毒气体，还能净化空气，去除空气中的细菌、病毒、灰尘、花粉、霉菌孢子等，对于进入室内的"霾毒"也有较好的净化效果。

（二）空气净化器的结构及分类

1. 结构

室内空气净化器通常由壳体、净化部分、风机与电控部分等构成，其中净化部分与风机是关键。滤网是空气净化器的核心部件，其数量与材质对净化效果有非常大的影响。目前市场上的空气净化器滤网通常只有三层或四层，好一些的产品拥有五层或六层。空气净化器主流的滤网主要有五种，即前置滤网、可清洗脱臭滤网、甲醛去除滤网、集尘滤网以及加湿滤网。

前置滤网。是最新开发出来的微米网状滤尘网，它的网眼面积相比普通的更小，除了可以吸附小灰尘颗粒之外，还可以有效去除毛发。表面净化经过氟处理，附着在滤网表面的灰尘能够更加便于清洁。

可清洗脱臭滤网。属于能够反复清洗使用的脱臭滤网，进行定期清洗就可以恢复脱臭性能，能够有效去除汗臭味与宠物气味等异味。

甲醛去除滤网。可以捕捉并把甲醛牢牢锁死在滤网上进行分解，从而有效去除甲醛，创造清新纯净的室内空间。经权威验证，其去除率可高达99%。

集尘滤网。集尘滤网是国际公认最好的过滤材料，其有独特的纤维构造，能有效抑制空气中的螨尘、花粉、病菌、"二手烟"、灰尘等微小颗粒，对0.3微米的粒子净化率为99.97%。这样的过滤在流通不大的室内效果异常强大，所以在室内有一台合格的空气净化器，就不必担忧室内的"霾毒"问题。

加湿滤网。加湿滤网以独特的背面网格设计、360°环绕气流无死角送风技术，显著加大了风量，吸附室内飞扬的尘土与杂菌以及异味，并以极快速度去除，达到对空气净化与消毒的效果，明显提高空气净化能力。

2. 分类

空气净化器有机械式、静电式、吸附式、低温等离子体式、光催化式以及复合式等。

（1）机械式空气净化器。

机械式空气净化器采用多孔性过滤材料如无纺布与滤纸以及纤维材料等，将气流中的颗粒物截留下来，让空气净化。该空气净化器的特点是除尘效率高、容尘量大、使用寿命长，普通家庭与办公室内空气中的颗粒物浓度较低，长时间运行可以不更换过滤材料。

（2）静电式空气净化器。

静电式空气净化器是运用电晕放电原理，使气流中的颗粒物带正电荷，之后借助库仑力的作用，将带电颗粒物捕获在集尘装置上，从而达到净化空气的效果。这种空气净化器的除尘效率高达90%，可以捕获0.01～0.1微克的微粒，压力损失小。不过需要高压电源，集尘量小，通常1～2周清洗一次集尘器装置。要求出风口臭氧浓度不高于0.1毫克/立方米。

（3）吸附式空气净化器。

吸附式空气净化器是运用吸附技术净化空气，是当前去除室内挥发性有机物最常见的空气净化器。吸附式空气净化器有两种，即物理吸附式净化器和化学吸附式净化器。

（4）低温等离子体式空气净化器。

等离子技术是20世纪60年代兴起的一门交叉科学。它是集物理、化学、生物以及环境科学于一体的全新技术，可作为一种高效率并且低能耗的手段来处理环境中的有毒物质以及难降解物质。低温等离子体内部富含电子、离子、自由基与激发态分子，其中高能电子和气体分子（原子）发生非弹性碰撞，把能量转换成基态分子（原子）的内能，发生激发、离解以及电离等一系列过程，让气体处于活化状态。一方面，打开气体分子键，生成一些单原子与固体微粒；另一方面，其又可以产生自由基与氧化性极强的臭氧，在这一过程中高能电子起着决定性的作用。研究与应用表明，低温等离子体可用于常压去除硫化氢、二硫化碳等有害气体；在有氧存在时，用于降解三氟溴甲烷的效率高达68%；

在常压下，去除空气中的污染物正己烷、环己烷、苯以及甲苯等挥发性有机污染物，反应基本在室温就可进行。利用低温等离子体净化空气中的挥发性有机物以及杀灭细菌是近年来的研究热点。低温等离子体不仅可净化各种有害气体，而且可分离颗粒物质，还可调节离子平衡，所以低温等离子体在净化空气方面有着其他净化方法无可比拟的优点，前景非常广阔。

（5）光催化式空气净化器。

光催化式空气净化器是采用纳米技术，将催化剂涂在特定载体上，用特定波长的紫外光源照射催化剂。通过风机的作用，使含有有害气体的空气以特定的速度经过催化剂，载体上的催化剂在紫外光的照射下，与有害气体发生化学反应，即催化剂二氧化钛受到波长小于 358 纳米的近紫外线照射时，其价带的电子被激发跃迁到导带，价带缺了电子，产生具有强氧化能力的正电空穴，而导带出现了具有强还原能力的电子，形成具有高能量的"电子—空穴"，具有极强的氧化还原能力。"电子—空穴"对扩散到二氧化钛表面上，并能与二氧化钛表面上的化学物质发生氧化还原反应，达到无机化，生成二氧化钛、水和无机离子，达到净化空气的目的。这种技术的关键在于所用催化剂的量和气体在催化剂上的停留时间。

光催化式空气净化器具有抗菌、净化空气、除异味、防霉防藻、防污自洁和防锈防褪色六大作用。光催化式空气净化器的特点是不存在吸附饱和的现象，使用寿命成倍提高，降低了运行成本，净化效率相对较高。其不足之处是一旦催化剂微孔被堵塞，就会大大降低它的净化效率。为减少灰尘堵塞催化剂微孔，保证催化剂的净化效率，延长催化剂的使用寿命，一般是通过一层前置过滤网和过滤材料，把较大的微粒过滤掉；然后采用静电除尘及活性炭吸附办法，进行多层防护，最后经催化反应，分解空气中的有害细菌及有机物。

（6）复合式空气净化器。

上述各种空气净化器基本上是采用单一的技术，能充分发挥该技术的优势，但任何一种净化技术都有其薄弱环节。现在将各种净化技术进行优化组合，做到在净化效果上优势互补，所以就出现了复合式空气净化器。光催化氧化和低温等离子体技术结合，把低温等离子体发生片沿面蓝光中的紫外光当作光催化剂所需紫外光源使用，就不需要为光催化剂单独配置紫外光源装置，减少了整机故障的隐患，提高了工作可靠性；然后使低温等离子体发生片产生臭氧光催化反应，其协同作用具有分解有机污染物、灭菌与除臭等高效率的净化作用。

（三）空气净化器适用人群及场所

1.适用人群

（1）孕妇。孕妇在空气污染严重的室内可能会感到全身不适，出现头晕、出汗、咽干舌燥、胸闷欲吐等症状，不利于胎儿的发育。空气污染会使胎儿患心脏疾病的可能性大大增加。

（2）儿童。儿童身体正值发育期，免疫系统较为脆弱，容易受到室内空气污染的危害，致使免疫力下降，身体发育缓慢，甚至诱发血液性疾病，增加儿童哮喘病的发病率，导致儿童的智力大大降低。

（3）老年人。老年人身体机能开始下降，通常有多种慢性疾病缠身。空气污染不仅会引发老年人患气管炎、咽喉炎、肺炎等呼吸系统疾病，还会导致高血压、心脏病、脑出血等心脑血管疾病。

（4）呼吸道疾病患者。长期在污浊的空气中生活会导致呼吸功能下降，呼吸道症状加重，引发鼻炎、慢性支气管炎、支气管哮喘、肺气肿等疾病。此外，肺癌、鼻咽癌患病率也会有所增加。

（5）新装修与新更换家具的人群。室内装修所产生的危害健康的物质主要是甲醛、苯以及苯系物质。甲醛已被世界卫生组织确定为致癌与致畸形物质，长期接触可引起各种呼吸道疾病，以及女性月经紊乱、青少年记忆力与智力下降等。

（6）写字楼白领。在高档写字楼里上班听起来是一种不错的体验，然而长时间处于恒温密闭且空气质量不好的环境中，极易导致头晕、胸闷、乏力、情绪起伏大等不适症状，影响工作效率，诱发各种疾病，严重者还可能致癌。

（7）长时间开车的司机。空气净化器可以防止车内环境污染问题，同时可以缓解汽车行驶过程中的大气环境污染与汽车尾气污染情况。

（8）医院工作人员。空气净化器可以有效地降低各种生物污染的传染与感染速度，阻止疾病传播。

（9）在大气污染严重地区生活工作的人员。在大气污染严重的地区生活与工作，不利于身体健康。

2. 适用场所

（1）刚刚装修或翻新的居所。

（2）有老人、儿童、孕妇、婴幼儿的居所。

（3）有哮喘、过敏性鼻炎及花粉过敏症患者的居所。

（4）饲养宠物及牲畜的居所。

（5）较封闭或受到"二手烟"影响的居所。

（6）酒店等公共场所。

（7）希望享受高品质生活人群的居所。

（8）医院。

（四）空气净化器的选购标准

1. 出风量

好的空气净化器换气速度快，即出风量大，在产品说明书中以"立方米/小时"来表示，数值越大越好。标准要求净化器开启的第一个小时内需要把整个房间内空气过滤5次以上，平均每12分钟需过滤一次，出风量过小，有害物质就不能够被充分分解；出风量过大，则会造成浪费。因此在通常情况下，对于一个高度为3米、面积为20平方米左右的房间，最好选购出风量在60立方米/小时左右的空气净化器，这样才能达到真正的净化效果。

2. 净化效率

空气净化器的净化效率（通常用洁净空气输出比率即"CADR值"表示）越高，表明空气净化器越好。它是国家标准评价空气净化器性能的主要指标，数值越高表示空气净化器的洁净空气输出比率越大，净化器的净化效率也越高。消费者在选购空气净化器时，一定要注意净化效率数值的大小，普通需求的消费者应当选择CADR值在120立方米/小时以上的产品，如果对室内空气质量有较高要求，那么就需要选择CADR值在200立方米/小时以上的产品。

3. 能效比

能效比是国家空气净化器标准中衡量空气净化器净化性能和能耗的重要指标，数值越高，就代表空气净化器越节能，即越符合绿色环保理念。能效比良好的空气净化器，其能效比数值应该大于3.0。然而，注意选择的净化器是否有风机，因为带风机的空气净化器净化效率比较高，同时因为需要消耗能源，能效比相对没有安装风机的净化器要高一些。

4. 适用面积

购买时应考虑空气净化器的净化能力。如果房间较大，应选择单位时间净化风量较大的空气净化器。如 40 平方米的房间应选择 150 立方米/小时的空气净化器。一般可参考产品样本或说明书来选择。

5. 使用寿命

应考虑净化器的使用寿命，以及维护保养是否简便。随着使用时间的增加，净化器净化能力下降，需要清洗、更换滤网和滤胆，用户应选择具有再生能力的过滤胆（包括高效催化活性炭），以延长使用寿命；也有些静电类产品无须更换相关模块，只要定期清洁即可。

6. 房间格局

应综合考虑房间格局与净化器匹配的程度。空气净化器进出口风的设计有 360°环形设计，也有单向进出风。由于房间格局会影响净化的效果，若想在产品摆放上更具灵活性，则应选择环形进出风设计的产品。

7. 安全性

除去一般家电的安全性指标以外，空气净化器的一个重要的安全性指标是臭氧安全指标，臭氧已被证实与室内空气环境和健康危害相关，其浓度应受到严格限制并且有相应严格的测试方法。一些采用了静电净化、紫外灯消毒以及负离子发生技术的空气净化器可能在工作时产生臭氧，如臭氧指标在安全范围内，也可以接受。

（五）空气净化器的使用

（1）购回空气净化器后，首先，应认真仔细地阅读使用说明书，开机时严格按照操作步骤进行。其次，要弄清操作面板上各种信号指示装置的真实意义，尤其是有关不同工作状态变换与净化器工作是否正常的信号显示，在净化器工作过程中要经常给予关注。

（2）净化器在家中应当摆放在人员流动大且聚集机会多的地方，因为这些地方空气污染较严重。

（3）在家中要经常启动空气净化器来清洁空气，尤其在夜间全家人都围坐在客厅内看电视时，如果不开窗通风，则应启动空气净化器来净化周围空气。

（4）有的空气净化器上还设置了"睡眠"工作状态的选项。净化器处于该状态时，内部电机转速低，声音较小，不会影响房间内人员休息；风量小，哪怕吹到人身上，对人的健康也没有影响。因而在夜间启动空气净化器后，可将其设置为"睡眠"工作状态，不过应设置好工作时间，到时间后机器会自动停止工作。

（5）平时要做好空气净化器的清洁与保养工作。如一些物理吸附的净化器，应该按照使用说明书的要求，定期检查或更换内部的吸附材料，或是观察到操作面板上"清洗"信号灯亮，代表集尘已满，应当及时清洗集尘板。使用者应该及时清洗或更换滤网，尤其是在重污染环境下，高负荷、长时间运行后。否则净化器的过滤网本身就会变成新的污染源，对空气造成二次污染。

（6）使用空气净化器时，其摆放的位置不可以离人体太近或太远，应当放在距离人体两米左右的地方。

另外，使用加湿器和空气清新剂要注意以下事项。

加湿器用对了养肺，用错了伤肺。干燥的环境使人出现皮肤紧绷、口舌干燥、咳嗽感冒等不适症状，加湿器的作用就是增加室内的湿度，从而有效改善空调房或者冬天干燥的室内环境。湿润的空气可以使人保持活力，让肌肤滋润，促进面部血液循环以及新陈代谢，从而舒缓神经紧张与消除疲劳。应定期清理加湿器，否则加湿器中的真菌等微生物随着气雾进入空气，再进入人的呼吸道中，使人极易患加湿器肺炎。净化型加湿器每年需换芯。冬季人体感觉比较舒适的湿度是50%左右。

空气清新剂可能成为室内新的污染源。要节制使用空气清新剂，如无必要，可以不用。尽量减少与空气清新剂接触。家中有过敏体质者、哮喘病患者、老弱病人以及婴幼儿等，不要使用空气清新剂。

三、清除室内雾霾妙计

1. 适当通风换气
开窗通风或者安装通风换气机，是清除室内空气污染物最经济有效的方法（见图 4 - 3）。住户在有条件的情况下应经常开窗，多考虑改进通风、空调设备的功能。改进空调设备功能如自动调温、调湿功能，增加生物化学处理功能，提高净化过滤性能，配备监测以及计算机系统，进行自动化处理，确保室内温度、湿度、新风量符合要求等。许多室内污染物事故，就是因室内通风不畅所造成。如果通风良好，许多事故则不会发生。通风就是将不符合要求的污染空气排出室外，而将清洁的空气送入室内。当然，通风换气并不是万能的，在室外空气质量较差，特别是有雾霾的情况下，则不能采取这种方式。但也不是说一天 24 小时都不能开窗，可以在离开办公室去吃饭的时间段开窗通风，还可以分不同天气和空气状况开窗，如晚上下班之后办公室开窗、白天去上班之前家里开窗。雾霾天空气质量不好的根本原因是 $PM_{2.5}$ 浓度高，且在空气中悬浮，如果起风，$PM_{2.5}$ 有可能被吹走或吹散；另外，在下雨天，雨水会冲洗 $PM_{2.5}$。这样的天气，开窗自然无妨。

2. 采用空气净化器

采用空气净化器是最安全并且节能的空气净化方法之一，它通过增加新风量改善室内空气质量，不需把室外进来的空气加热或冷却到室温而大量耗能。因此在欧美一些装有暖通空调系统的建筑物内，也使用空气净化器来进一步提升室内空气质量。实践表明，在近乎封闭的小空间内，优质高效的空气净化器能有效清除空气中的有害物质，包括流入室内的"霾毒"。对卧室、书房等人停留时间较久的地方，可以考虑安装空气净化器，不仅可以过滤 $PM_{2.5}$，还可加上活性炭，去除有害气体。注意不要选用能产生臭气或其他物质的材料，同时，还需视情况每 2 ~ 3 个月定期更换过滤盒吸附材料，以免造成二次污染。

3. 放置绿色植物

绿色植物除可以美化室内环境外，还可以改善室内空气品质，如图 4 - 4 所示。对甲醛、苯、氨气等有害物质有净化作用，可以有效降低室内污染物的浓度。然而室内绿色植物的吸收能力有限，且在城市家庭与写字楼中养护绿色植物也不容易，如一些绿色植物在缺少光照的室内环境中很难成活。这就要求我们在选择绿色植物时，选择净化效果较好、生存能力较强的植物。详见下述"养花除雾霾"内容。

图 4 - 3　室内注意通风

图 4 - 4　放置绿色植物于室内

四、养花除雾霾

室外的植物可以净化大气、阻滞灰土、减弱噪音，给人们带来愉悦感和镇静感，同样，室内的植物也可以做到净化室内空气，凝滞灰尘，让空气更清新。

室外空气中的 $PM_{2.5}$ 大部分来自日常发电、工业生产、汽车尾气排放等经过燃烧而排放的残留物，其减排主要依靠国家政策引导，个人行为是辅助。然而我们长时间逗留的室内，$PM_{2.5}$ 的浓度则完全能够通过改善个人生活习惯来改变。要提高室内空气质量应做到以下几点：禁止在室内抽烟；平常多开门窗通风（但阴霾天少开窗）；烹饪时少煎炸，及时打开抽油烟机；经常清洁除尘，保持室内干净整洁。

（一）绿色植物净化空气效果好

有实验证实，室外绿色植物如青草与园林树木都能够吸收大量空气污染物。如 100 平方米柳杉林 1 年内可吸收 60 千克二氧化硫，100 平方米紫苜蓿可以使空气中的二氧化硫减少 150 千克以上等。同样在室内适当种植一定类型的花草树木，可以使室内空气污染物大量减少。这些花草树木可以通过植物叶片背面的微孔通道吸纳空气污染物入植物内，植物根部共生的微生物也可以自动分解污染物，分解的成分可被根部吸收，如芦荟、吊兰能将醛类转化为糖类、氨基酸等天然物质等。

植物在其生理过程中会释放出大量挥发性物质，这些挥发性物质有些具有一定的抑菌作用，能够有效清除空气中的细菌病毒。美国的研究显示，室内没有植物的房间相对有植物的房间而言，空气中含菌量高出50%。居室绿化较好的家庭，空气中细菌可减少40%左右。植物可以让空气中的细菌与有害微生物大大减少，还可以清除空气中的重金属微粒，盆栽柏木（见图4－5）、侧柏、仙人掌等植物不仅可以产生负离子，使空气更加清新，且具有杀菌性能。文竹、秋海棠、天竺葵分泌的植物杀菌素可以降低人感冒的概率。实验还表明，含有挥发芳香油"杀菌素"的植物数目多达340种，这些杀菌素有的可以引起细菌溶解，有的可破坏或抑制病原菌的代谢与繁殖。正因如此，目前众多森林浴吧、生态酒店、生态旅馆应运而生。

图4－5　盆栽柏木

　　绝大多数适宜家庭种植的花草，除了能提供氧气外，还可以增加空气中的负离子浓度，吸收有害气体，从而达到净化空气的目的。在种类繁多的居室花草中，净化空气的能手要数吊兰与虎皮兰，它们可以吸收氮氧化物与甲烷气体。肾蕨、贯众也可以吸收一氧化碳以及甲烷气体，在有较多这些气体的地方如厨房，或有人抽烟，有新漆家具或新近装修的房间中，摆上一两盆，就可以有效改善空气质量。月季、玫瑰、紫薇、丁香能够吸收二氧化硫；玉兰、桂花能够降低空气中汞的含量；桂花、夹竹桃的枝叶拥有较强的吸尘作用；薄荷含有挥发油，不仅对臭氧有抵抗作用，而且可以杀毒灭菌，能够降低呼吸疾病的发病率。有些花草具有特殊的气味，人闻不到，却能使蚊子、蟑螂、苍蝇、蚜虫及其他害虫不敢靠近，如晚香玉、除虫菊、野菊花、紫茉莉、天竺葵等，装饰居室时，不妨有意识地将它们放到害虫经常出没的厨房或贮藏室等地。大多数仙人掌与多肉植物，都可以有效减少电脑等电器产生的电磁辐射，国外很多大型计算机房中就摆满了大大小小的仙人掌盆栽。假如想在有电脑的书房里放置绿植，这类植物是首选。

当下市场上销售的常见花卉绝大多数对甲醛、苯、氨气等室内环境中的有害物质有净化效果。经过测试与评价，按单位面积、单位时间植物叶净化空气中有害物质计算，目前市场上部分常见花卉植物的净化效果极为显著。

（二）让花草监测空气污染

室内空气中有害成分比例过高会影响人的身体健康，因此有必要做好室内空气的监测工作。如果没有专业的监测设备，也可通过养些花草来实现。

1. 可监测二氧化碳的花卉

花卉不但可以美化、绿化、净化环境，而且某些花卉，由于对某种有害气体特别敏感，还可作为大气污染的"监测器"。二氧化碳是大气污染物之一，对二氧化碳敏感的花卉有紫苑、秋海棠、美人蕉、矢车菊、彩叶草、非洲菊、三色堇（见图4-6）、天竺葵、万寿菊、牵牛花、百日草等，在二氧化碳浓度达到一定程度1~8小时后，这些花卉就会出现急性症状，也就是指叶片呈暗绿色水渍状斑点，干后呈灰白色，叶脉间有不定型斑点，褪绿、黄化。

2. 可监测二氧化氮的花卉

空气中的含氮化合物同样是污染物。含氮化合物有两类：一类是氮的氧化物，如二氧化氮、一氧化氮；一类是过氧酰基硝酸酯。当大气中的二氧化氮浓度达到一定程度2~4小时后，这些花卉叶子的叶脉间会出现白色或褐色不定型斑点，并提早落叶。

在属于过氧酰基硝酸酯一类的化合物中，过氧乙酰硝酸酯是重要的空气污染物。对过氧酰基硝酸酯敏感的花卉有香石竹、大丽花、小苍兰、凤仙草、矮牵牛、报春花、蔷薇、一品红、金鱼草等，在过氧酰基硝酸酯达到一定浓度经 2 ~ 6 小时后，这些花卉的幼叶背面呈古铜色，叶生长异常，向下方弯曲，上部叶片的尖端枯死，枯死部位呈白色或黄褐色，在显微镜下观察时，可以看到靠近气室的叶肉细胞中的原生质皱缩。

图 4 - 6　盆栽三色堇

3. 可监测臭氧的花卉

臭氧是大气中重要的污染物之一，是大气中自由氧和普通氧、烃类化合物相互作用形成的。对臭氧敏感的花卉有矮牵牛、藿香蓟、秋海棠、小苍兰、香石竹、菊花、三色堇、紫苑、万寿菊等，在臭氧浓度达到一定程度 2 ~ 4 小时后，这些花卉就会出现如下症状：叶表呈现蜡状，有坏死斑点，干后变白色或褐色，叶呈红色、紫色、黑色、褐色等颜色，提早落叶。

4. 可监测氟、氯化物的花卉

氟化氢对植物的毒性非常大，对氟化氢最敏感的花卉有唐菖蒲、美人蕉、萱草、风信子、郁金香、杜鹃等，在氟化氢浓度达到一定程度 1 ~ 5 星期后，这些花卉叶的尖端就会发焦，接着周缘部分枯死，落叶、叶片褪绿，部分变成褐色或黄褐色。可作为氯气监测器的花卉有百日草、蔷薇、秋海棠、枫叶等，在氯气浓度达到一定程度 2 ~ 4 小时后，就会发生类似二氧化硫中毒的症状，叶脉间出现白色或黄褐色斑点，很快落叶。

5. 可监测乙烯的花卉

对乙烯气体敏感的花卉有香石竹（见图4－7）、凤仙花、水仙、金莲花、兰花、蔷薇、金鱼草、紫罗兰、向日葵、郁金香等，在乙烯浓度达到一定程度6～24小时后，会出现花朵萎谢，也就是花朵闭合、花瓣脱落，并引起花蕾枯死、叶片脱落及叶片不正常弯曲、茎的生长受抑制等。

6. 可监测氨的花卉

对氨敏感的花卉有矮牵牛、向日葵等，在氨气浓度达到一定程度4小时后，叶两面变白色，叶缘部分出现黑斑及紫色条纹，提早落叶。

综上，人们可以依据这些花卉对某种有毒气体极为敏感的特性，在居室内或在城市生活住宅区内种植相应的花卉，从观察花卉的生长状况，可以测知空气中有毒气体的浓度，方便我们及时采取相应的措施。

（三）植物中的"空气净化器"

有几种花卉可以清除空气中的有害组分，更难得的是，它们不仅功能齐全，对于各类有害气体还不"挑食"，因此被称为植物中的"空气净化器"。

1. 吊兰

吊兰为百合科吊兰属的一种多年生常绿观叶植物。它的茎叶似兰，四季常青。常见的品种有金边吊兰、银心吊兰、宽叶吊兰等，如图4－8所示。吊兰易养，适应性强，是传统的居室垂挂植物之一。它叶片细长柔软，从叶腋中抽出小植株，由盆沿向下垂，舒展散垂，似花朵。

图4－7　香石竹

图4－8　吊兰

在 8~10 平方米的房间内放置一盆吊兰就相当于一台空气净化器。吊兰能在微弱的光线下进行光合作用。一般在房间内栽养 1~2 盆吊兰，其能在 24 小时内释放出氧气，同时能有效吸收空气中的甲醛、苯乙烯、一氧化碳和二氧化碳等有毒有害物质，对进入室内的"霾气"也有不错的净化效果。在 24 小时照明条件下，能清除房间里 80% 的气状有害物质；能消除 1 立方米空气中 96% 的一氧化碳和 86% 的甲醛；能完全吸收火炉、电器、塑料制品散发的一氧化碳、氮氧化合物。

美国空间净化系统实验研究表明，在充满甲醛的密闭房间内，吊兰能在 6 小时后使甲醛减少 50% 左右，24 小时后减少 90% 左右。吊兰在代谢过程中，还能将甲醛转化成糖或氨基酸类物质。吊兰还能分解苯，吸收香烟烟雾中的尼古丁等有害物质，将它们转化为无害物质。可以将吊兰以盆栽或悬吊方式置于房间的窗台、阳台来美化居室，也可以放在卧室、客厅、书房中起净化空气的作用。吊兰若养护不当，容易烂叶，所以不宜太靠近餐桌和床铺，以免引起不必要的二次污染。

2. 虎尾兰

虎尾兰属多年生草本观赏植物。栽培种类较多，常见的家庭盆栽品种主要有金边虎尾兰、圆叶虎尾兰、柱叶虎尾兰。虎尾兰耐干旱，喜阳光，也耐阴，忌涝。虎尾兰对空气净化的能力较强，对甲醛、硫化氢、三氯乙烯、苯等的吸附能力较强，还可以吸收侵入室内的"霾毒"。吸收后，它能通过新陈代谢，把有毒物质转化分解，故被称为居室的"治污能手"。据资料记载，15 平方米左右的房间内，放置两盆中型虎尾兰，就能有效吸收房间内的甲醛。一盆虎尾兰可吸收掉 10 平方米房间内 80% 以上的多种有害气体；两盆虎尾兰可使一般居室内空气完全净化。虎尾兰白天还可以释放出大量的氧气。因此，虎尾兰可作为居家净化空气的首选植物之一，尤其适合新置办家具的房间。虎尾兰春夏开花，由白色小花组成的柱状花茎，清香扑鼻，特别是虎尾兰配上白色花盆时，金色叶边、深绿色的叶面，加上白色线条流畅简洁的花盆，这种形、色、质的组合颇具现代感，是窗台、茶几、书桌上摆设的最佳选择，可供人欣赏。但不要长期将虎尾兰放在阴暗处，更不要将其从阴暗处一下子移到直射的阳光下，以避免灼伤虎尾兰叶面。

3. 芦荟

芦荟是多年生常绿多肉质草本植物，如图4－9所示。芦荟属植物约有270种。常见的有库拉索芦荟、木立芦荟、中国芦荟。盆栽芦荟有"空气净化专家"的美誉。一盆芦荟相当于九台生物空气清洁器，芦荟可吸收甲醛、二氧化碳、二氧化硫、一氧化碳等有害物质，特别是对甲醛的吸收能力比较强，正如"吊兰芦荟是强手，甲醛吓得躲着走"。通过4小时的光照，芦荟就可以消除1立方米空气中所含的90%的甲醛，还可以吸收三氯乙烯、硫化氢、苯、苯酚、氟化氢以及乙醚等有害物质，并能把这些有害物质分解为无害物质。此外，芦荟还可以杀灭空气中的有毒有害微生物，并能吸附灰尘，对净化居室环境的作用明显。当室内有害气体浓度较高时，芦荟的叶片上就会现出斑点，这些斑点相当于求救信号，这时应增加几盆芦荟，室内空气质量就会趋于正常。可以选择小巧别致的花盆栽种芦荟，放在光线充足但无阳光直射的地方，最好放在客厅、书房等人经常活动的地方，可给人带来赏心悦目的感觉。

图4－9　芦荟

（四）花卉中的"甲醛净化器"

如今人们对雾霾越来越重视，只要巧妙地选择一些花卉养在室内就可以有效清除室内的有害气体。和其他除霾净化产品相比，绿色植物的最大优点是价格便宜，只需花费其他产品十分之一甚至更低的价格就可以达到不错的效果。花卉种类很多，可以吸收相应的有害气体，而且许多花卉可以同时消除多种有害物质。

1. 兰花

兰花香气淡雅，放置室内可消除异味，能吸收室内的有害气体。兰花还是天然除尘器，其纤毛能吸滞室内空气中的飘浮微粒和烟尘。

2. 龟背竹

龟背竹叶形奇特，观赏性强，为优秀的室内盆栽观叶植物。龟背竹虽不是净化空气的多面手，但仍然能吸收室内的有害气体，如甲醛、二氧化硫等，尤其对甲醛的吸收效果较明显，可有效减少室内空气中的化学污染。龟背竹在发生光合作用时，吸收二氧化碳的能力比其他植物强得多，而且具有晚间吸收二氧化碳的特性，对改善室内空气质量，提高含氧量很有帮助。加上龟背竹一般植株较大，造型优雅，因此是一种非常理想的室内观赏植物。

3. 一叶兰

一叶兰叶片宽大，蒸发量较高，可有效增加室内空气湿度。与此同时，一叶兰可吸收室内多种有害气体，如甲醛、苯、二氧化碳、氟化氢等，还可吸滞尘埃，是居室中很好的净化植物。

4. 合果芋

合果芋居家栽培应用较多。合果芋蒸腾作用强，能保持空气湿润，并能吸收室内大量的甲醛和氨气。因此，合果芋具有净化空气和保湿的双重功效。

（五）净化二氧化硫的花卉植物

1. 木槿花

木槿花的解毒能力较强，被称为"天然解毒剂"。有关专家曾对9种抗污能力较强的植物叶片进行分析，发现木槿花叶片中的含氯量及黏附在叶片上的氯量最多，木槿花对二氧化硫的抗性极强，还可抗烟尘、氮氧化物、酸雾等，能净化氯气、氧化氢、氯化锌等有害气体，有较强的滞尘能力，可有效净化室内的尘埃，是绿化居室的优良花卉。

2. 夹竹桃

夹竹桃叶形优美，为北方家庭常见栽培树种。夹竹桃能抵御二氧化硫、氯气等有害气体的侵害，叶片具有极强的吸附能力。据测试，每片叶片能吸收二氧化硫69毫克/月，并每月能吸滞灰尘5克/平方米。在氯气扩散处能照常生长。因此，夹竹桃有"抗污染的绿色冠军"和"自然吸尘器"之称，是净化室内空气的理想树种。

3. 山茶花

山茶花的外形及其枝、叶和花朵都很美丽，是常绿名贵花木，为我国十大名花之一。能吸收二氧化硫、氯气、氟化氢、硫化氢、氮气等有害气体，有较强的抗烟尘及抵抗其他有害气体的能力，是优良的观赏兼环保花木。山茶花色、香、姿均佳，可以丛植或者散植于庭院中，也可以栽于草坪及树林边。居家种植时，应放置于温暖通风处，避免过冷过热。待其开花时移入室内，是点缀早春时节家庭环境的名花。

（六）净化二氧化氮的花卉植物

1. 鸡冠花

鸡冠花能吸收铀等放射性元素，还能将室内氮氧化物转化为植物细胞所需的蛋白等。

2. 菊花

菊花能将氮氧化物转化为植物细胞的蛋白质等；对苯有一定的吸收作用；能抵御和吸收家电、塑料制品散发出的乙烯、汞、铅等有害气体；对二氧化硫、氯化氢、氟化氢等有很强的抗性。

3. 大花美人蕉

大花美人蕉叶色浓绿，花姿优美，也是室内优良的盆栽观叶观花植物，蒸腾作用强，可有效增加室内空气湿度。大花美人蕉对氮氧化物、二氧化硫、甲醛、氮、氟等有害气体均有一定的抗性和吸收能力。

（七）净化一氧化碳的花卉植物

1. 石榴花

石榴花可供观赏，果可食，为室内常见的盆栽植物之一，是我国重要的观花观果花木。石榴花可有效清除一氧化碳、二氧化硫、氯、过氧化氢、氟、乙烯、乙醚等。同时，它还可吸收家电、塑料制品等散发出来的有害气体，如图4-10所示。

图 4 – 10 石榴花

2. 米兰

米兰，四季常绿，自初夏至晚秋，黄花灿灿，吐香不绝，沁人心脾。一盆在室，满屋清香，可有效消除室内异味，深得人们喜爱。米兰可有效清除居室空气中的二氧化硫、氯、一氧化碳、过氧化氢、乙烯、乙醚等有害气体；还可吸收家电、塑料制品等散发出的有害气体。据测定，米兰若置于含氯气的空气中 5 小时，1 000 克叶子就能吸收 0.004 8 克氯气，同时米兰的花卉能散发出具有杀菌作用的挥发油，能净化空气，促进身体健康。测试表明，米兰的花香能有效杀灭居室中的多种致病菌、增加氧气含量，净化空气。米兰喜光怕寒，朝北的房子最好不要摆放。米兰树态秀丽，枝叶茂密，叶色葱绿光亮，花香似兰，常用于绿地内丛植、行植，也可以作为盆栽摆设。

3. 万寿菊

万寿菊花期长，种养容易，可盆栽。对一氧化碳、二氧化硫、氟、氯、乙醚等有害气体有一定的抵抗能力，并能吸收部分有害气体；还能吸收家电、塑料制品等散发出的有害气体。

（八）清除室内细菌的植物

常见的能吸收有毒化学物质和气体，并能发挥净化空气或杀菌作用的植物列出如下：

1. 紫藤

又称朱藤、藤萝。对二氧化硫、氯气、氟化氢等有毒气体有较强抗性，对土壤污染物铬也产生一定抗性。紫藤为高大木质藤本，生长迅猛，枝叶茂密。4 ~ 5 月开花，花有白、紫两色，花大而香，寿命长达数百年。它是北方地区居室窗前传统的庭荫及观花植物。

2. 海桐

又称宝珠香、七里香，常绿灌木。4～5月开花，叶片嫩绿光亮，四季常青。它可以吸收光化学烟雾，还可以防尘隔音，非常适合放置于临街的居室。

3. 石竹

又称洛阳花、草石竹，多年生草本植物。5～8月开花，花色有红、白、黄等色。有吸收二氧化硫与氯气的功效，适合放置于临街的居室。

4. 香豌豆

又称麝香豌豆、花豌豆。3～5月开花，花色有红、白、黄、蓝、紫等色。对氟化氢有非常强的抗性，还可以用来防治二氧化硫的污染，适合放置于临街的居室。

5. 美人蕉

别称凤尾花，多年生草本植物。5～10月开花，花色有红、黄、乳白等色，花朵鲜艳，花期很长，叶如芭蕉。经测定，美人蕉对二氧化硫有很强的抗性，适合放置于临街的居室。

6. 金盏花

别称金盏菊、长生菊，一年生或二年生草本植物。春、秋季播种，夏、秋季开金黄、橘黄色的花。可吸收空气中的氰化物、硫化氢等有毒气体，非常适合在阳台栽植，如图4-11所示。

图4-11　金盏花

7. 月季

能吸收氟化氢、苯、硫化氢、乙醚等有害气体。

8. 爬山虎、牵牛花、蔷薇

让它们顺墙或搭成花架攀附，可形成绿色的凉棚，能有效减少阳光的照射，在夏天可降低室内的温度。

9. 兰花、桂花、蜡梅、花叶芋、常春藤、无花果等

它们不仅能杀灭细菌和其他有害物质，还可以吸附连吸尘器都难以吸到的灰尘，其纤毛能吸附空气中的飘浮微粒及烟尘。

10. 天门冬

不仅能杀灭病菌，还能减轻重金属微粒带来的土壤污染，适宜种在庭院花园中。

（九）特殊人群养花注意事项

雾霾天气时，在家中养一些绿色植物既可以净化空气又能美化室内环境，然而老人、儿童、病人和孕妇等特殊人群居室也有种养植物的禁忌。

1. 老人居室宜种植物

大部分老年人都与子女分居，或是夫妻两人居住，或是独居。他们大部分都患有老年慢性疾病。根据老年人的不同情况，植物禁忌也不完全相同。

（1）气虚体弱或者患有慢性疾病的老人宜种植人参。人参一年可观赏三季，人参萌发的嫩芽向下弯曲；夏季，伞形的花序上开满白绿色美丽的花瓣；秋季，粒粒红果映衬着绿叶，让人特别悦目清心。人参的根、叶、花、种子都可入药，可强身健体以及调理机能。

（2）患有风湿与脾胃虚寒的老人宜种植五色椒。五色椒绚丽多彩，根、果、茎皆具有药性。

（3）患有肺结核的老人宜种植少量百合花。此花姿态高雅，鳞茎和花既可以食用，也能够入药，有镇咳、平惊、润肺之用。

（4）患有高血压以及小便不畅的老人宜种植金银花与小菊花。这两种花可装填香枕，也可以冲泡饮用，有清热解毒、降压清脑、清肝明目的功效。

2. 儿童居室忌养的花草

随着人们生活水平的提高，住房条件日益改善，相当一部分儿童在家里都有自己单独的卧室。无论是有单独卧室的儿童，或是与父母同居

一室的儿童，认知能力及自控能力均较差，且大多数儿童都有较强的好奇心，喜欢摆弄东西；处于成长发育阶段的儿童，身体各部分器官发育均不成熟。为此，应禁止或少种养对儿童易造成伤害的花卉植物，尤其是易引起儿童体质过敏的花卉。

（1）夹竹桃。它所散发出的有毒气体，能使人心郁气喘，易引发气管炎和肺炎。经常闻其味，会致使儿童智力下降。

（2）含羞草。它的花朵含有一种毒素，一旦误食，轻者引起中毒，重者则引起休克，严重危害身体健康。

（3）万年青。万年青含带有毒性的酶，其茎叶的汁液对人的皮肤有强烈的刺激性，若婴幼儿误咬一口，会引起咽喉水肿，甚至使声带麻痹失声（见图4-12）。

图4-12　万年青

（4）虎刺梅。其茎中的白色汁液有毒，入眼会造成严重伤害，要特别注意。

（5）滴水观音。其茎内的汁液有毒，如茎破损，误碰或误食其汁液，会引起咽部和口部不适，并且胃里会有灼痛感。

（6）飞燕草。又名萝卜花，全株有毒，种子毒性更大，主要含萜生物碱。如误食会引起神经系统中毒，严重的会因发生痉挛、呼吸衰竭而死亡。

3. 孕妇居室宜种植物

孕妇居室宜种植玫瑰、茉莉、橙花、肉桂和广藿香等花卉植物，对孕妇能起到美容和平稳情绪的作用。

（1）玫瑰。可淡化细纹、保湿、促进细胞再生、美胸、消除妊娠纹及疤痕、美白皮肤，还有抗忧郁，舒解压力，愉悦心情的功效。

（2）茉莉。有保湿、改善敏感体质、消除妊娠纹及疤痕的功效，还有增加活力、舒解压力的作用。

（3）橙花。有美白、保湿、改善敏感体质、消除妊娠纹及疤痕、促进细胞再生等功效，还可安抚情绪、抗忧郁、助眠等。

（4）肉桂。可预防皱纹，还有抗忧郁、安抚情绪等作用。

（5）广藿香。可收缩毛孔、防过敏、消除妊娠纹及疤痕，还可平复沮丧心情、抗忧郁。

（十）养花防霾别过头

花卉是对抗室内污染和"霾毒"的主力军，但也不能过量过杂。有些花卉还会给人体带来不良影响。因此，室内养花也要小心，应该遵循科学健康原则。

1. 室内摆放花卉植物不宜过多

绿色植物在新陈代谢的过程中，同时进行光合作用和呼吸作用。当光照不足时，植物主要进行吸入氧气、放出二氧化碳的呼吸作用。在夜间，由于光照极弱，甚至没有光照，也就谈不上光合作用，而只有呼吸作用，即吸氧吐碳。这时不但不能为居室增加氧气，反而增加了二氧化碳的含量。

因此在空间狭小，或整天光照极弱，通风又较差的房间，不宜摆放过多的花卉植物，或者在晚上把它们移到室外，并保持室内空气流通。大型观赏植物不要摆放在面积较小的房间内，以免与人争氧。有些植物，如仙人掌、景天等多浆植物在白天为避免水分的丧失而关闭气孔，光合作用产生的氧气在夜间气孔打开后才释放出来，更适合摆放在房间内。

2. 卧室不宜摆放太香的花卉植物

（1）茉莉花。茉莉花开后香气四溢，不少人喜欢把它摆放在卧室，伴着幽香入睡。然而，这样不利于人的身体健康。茉莉花散发的香气是一些挥发性的化学物质，成分复杂。不同人对不同气味的反应会不一样，这和植物本身的成分、花香浓度以及环境温度、空气流通、个人身体状况都有一定关系。假如环境空间很大，植物量很少，可能不会存在很大问题。然而，长时间在浓郁花香的环境中，容易让人产生呼吸不畅、头晕、恶心、胸闷等不良反应。

（2）夜来香。夜来香总是散发沁人心脾的香味，它在夜间因房间光照极弱或全无光照时就会停止光合作用，从而开始释放出大量二氧化碳，同时还散发出强烈的刺激嗅觉的微粒。假如长期将其摆放在卧室内，会令人头昏、咳嗽，甚至气喘、失眠。高血压、心脏病患者闻后更容易感觉胸闷不适、头晕目眩，甚至使病情加重，因此需要慎重选择。

（3）百合花、昙花。除去茉莉、夜来香之外，其他一些具有浓郁香味的花卉最好也不要摆放在卧室，如百合花、昙花等。百合花的香味散发出一种特殊的兴奋剂，易刺激人的中枢神经，使人兴奋甚至造成夜晚失眠；昙花开花时也会释放出浓烈香气，浓度过高时极易使人产生头晕以及恶心等不良反应。

（4）松柏类、天竺葵、夹竹桃。包括玉丁香、接骨木等松柏类花卉的芳香气味对人体的肠胃有强烈的刺激作用，不仅使人食欲下降，而且会令孕妇感到心烦意乱、头晕目眩，甚至恶心呕吐。天竺葵挥发的气味会让人气喘烦闷并恶心头昏；夹竹桃的花朵散发出来的气味如果闻之过久，就会令人昏昏欲睡，甚至智力下降。

（5）郁金香。郁金香（见图4-13）中含有毒碱，所以开花时香气浓烈，会释放大量生物碱等物质，人与动物若处于其中2~3小时，或长时间身处这种气味中，就会产生头晕、胸闷等不良反应，出现中毒症状，严重者还会毛发脱落，因而家中不宜栽培。

图4-13　郁金香

（6）月季花。月季花所散发的浓郁香味，会使人产生胸闷不适、憋气与呼吸困难等症状，最好不要在卧室摆放月季花。

（7）兰花。兰花虽然具有吸尘功能，但它的香气会令人过度兴奋从而引起失眠，所以最好不要在卧室摆放兰花。

（8）水仙花。水仙花香气袭人，也会令人产生不适，时间一长，特别是在睡眠时吸入其香味，会使人头昏。

3. 促癌花卉植物不宜摆放在居室

中国预防医学科学院有关报告显示，在城市中常见的花草树木中，有 50 种以上的花木可致癌。其中变叶木、铁海棠、凤仙花、红背桂花、油桐、金果榄等居室及公园里常见的观赏性花木均含有促癌物质。实验表明，凤仙花、红背桂花、油桐、金果榄等花木具有明显的致癌作用，特别在冬天，一方面在居室摆放这些致癌花卉植物；另一方面为了保暖而紧闭门窗，这样就导致室内空气不畅通，一些植物散发出来的物质就会长时间积聚在室内，最终通过人的呼吸道进入身体。所以，在购置或家中种植花卉前，一定要留心选择。

4. 选择好花卉，病人更安心

净化居室空气的最佳方法之一就是种花养草。居室种植中草药与种植一般花卉植物的方法基本相同，但选择品种时必须和居室主人的身体状况相适应，因人而异。

易患感冒、咽炎、气管炎等呼吸系统疾病的中老年人，适合种植薄荷等具有消毒、杀菌、祛痰作用的花卉植物；心脉瘀阻、心功能较差的人，适合种植红花、玫瑰等具有活血化瘀作用的红色花卉；头痛、失眠、烦躁者适合种植镇静安神的绿色植物；有胃痛、腹胀、腹泻等胃肠疾病的人，适合种植紫苏、白豆蔻等辛温芳香的花草；患高血压病者可种植天麻、菊花。

5. 避开雾霾和室内污染夹击

现在的装修污染非常严重，而清除室内污染最好的方法莫过于通风透气，但这种方法不适用于雾霾天，不仅排不出室内的有害气体，还会引来室外的"霾毒"。但是，室外雾霾并非自始至终恒定，当雾霾程度相对较轻时，可以打开门窗适当通风，以排除室内污浊的空气。但开窗时间不要太久，以免受到太多"霾毒"的侵害。

清除室内污染，除加强通风透气外，最简单有效的方法是在居室内摆放盆栽花木。绿色植物能够通过吸收建筑材料挥发的有害物质净化室内空气，还能净化从室外进入室内的空气。根据室内装修的建筑材料和家用电器等散发出来的有害物质，室内可以种养以下几种植物：

　　（1）巴西铁树。别名巴西木、巴西千年木、金边香龙血树。只要对它稍加关心，就能长时间生长，并带来优质的空气。其叶片与根部能吸收二甲苯、甲苯、三氯乙烯、苯和甲醛，并将其分解为无毒的物质。适合种植在半阴的房间内。

　　（2）白鹤芋。别称白掌，寓意一帆风顺。它能有效去除空气中的氨气和丙酮，是去除氨气和丙酮的"专家"。同时，可过滤空气中的三氯乙烯和甲醛，防止鼻黏膜干燥。白鹤芋喜欢温暖、阴湿的环境，适合种植在半阴的房间内。要经常保持盆土湿润，并有规律地施肥，叶片上需要经常喷水。

　　（3）散尾葵。能有效去除空气中的二甲苯、甲醛、甲苯等有害物质。散尾葵是喜阳植物，需要充足的阳光；每天可以蒸发大约1升水，是最好的天然"增湿器"。经常给它喷水，不仅可使其叶片保持鲜绿，还能清洁叶面气孔。同时，应经常保持盆土湿润和适量施肥。

　　（4）波士顿蕨。吸收甲醛的能力很强，是最有效的生物"净化器"。经常与涂料接触的人，或身边经常有人吸烟，应在工作场所或居住处放一盆波士顿蕨，能有效去除空气中的二甲苯、甲苯、甲醛。另外，其可以吸收电脑显示器和打印机中释放出的二甲苯和甲苯。其鲜嫩的绿叶能令人感受到春天的气息，使人放松心情。其喜半阴环境，宜保持盆土湿润，并经常向叶片喷水。

　　（5）鹅掌柴。能给有吸烟者的家庭带来新鲜空气，它的鹅掌形叶片可以从烟雾弥漫的空气中吸收尼古丁和其他有害物质，并通过光合作用将其转换为植物体内无害的有机物。另外，还能降低甲醛的浓度。鹅掌柴对生长环境的要求不高，需要适量浇水，不喜潮湿的土壤，非常适合没有经验的种植者，如图4-14所示。

图 4 - 14　盆栽鹅掌柴

（6）绿宝石。能有效去除空气中的甲醛，其叶片每小时可吸收 4 ~ 6 微克有害物质，并转化为对人体无害的物质。绿宝石是喜阴植物，养护时要注意保持盆土湿润。

（7）垂叶榕。能有效吸收空气中的甲醛、二甲苯及氨气，净化混浊的空气。可提高房间的湿度，有益于人们皮肤的呼吸。其外形丰满，是房间里漂亮的装饰植物，经常被室内设计师用来营造室内的绿色氛围，适合种植在半阴的房间内。垂叶榕需要充足的水分，应经常保持盆土湿润。

（8）绿萝。能有效吸收空气中的甲醛、苯、一氧化碳、尼古丁等有毒物质。其漂亮的外形具有独特的装饰性，尤其当它垂于吊盆外时，十分美观。适宜在半阴的环境中生长，最适合摆放于洗手间。绿萝为阴生植物，所需水分适中，微量肥料即可，是初学养花者的最佳选择。

（9）袖珍椰子。能同时净化空气中的苯、三氯乙烯和甲醛，改善室内空气质量。适合在半阴房间内摆放。养护时需要充足的水分，并经常保持盆土湿润。

第五章　饮食防霾要领

一、饮食养肺防雾霾

$PM_{2.5}$ 的长期侵袭，除了伤害人们的呼吸道、破坏和降低肺泡表面物质的活性，最终可能导致癌变之外，另一大严重后果就是肺组织纤维性病变，它虽不如癌变令人闻之色变，但也非常难以处理。因此，在雾霾天应更注意饮食方面的调养。

1. 雾霾带来的危机

目前，中央持续加大雾霾整治力度。伴随国务院颁布"史上最严"关于大气污染治理的《大气污染防治行动计划》，中央财政拨出 50 亿元资金用于大气污染治理，相关政策相继出台，相关媒体预测中国可能会用 10 年左右的时间，慢慢消除重污染天气。雾霾治理可以等 10 年，然而国民健康遭受严重威胁，真没有办法再等十年。

世界卫生组织国际癌症研究机构（IARC）得出结论，有充分证据显示，暴露在户外空气污染中会导致肺癌，接触颗粒物与大气污染的程度越深，罹患肺癌的风险就越大。研究证实，$PM_{2.5}$ 进入肺组织后不仅影响肺泡巨噬细胞的吞噬功能，而且会影响肺上皮细胞细胞膜的通透性与流动性，造成细胞内容物外漏，致使细胞死亡。同时，$PM_{2.5}$ 会改变肺组织生化成分和释放炎症因子，导致炎症的产生，严重而持久的炎症会引起组织增生纤维化，致使肺部疾病乃至肺癌的发生。

肺癌是目前世界公认的癌中之王，国际癌症研究机构最新数据指出，全球 2010 年因肺癌死亡的患者中，22.3 万人是由于大气污染而患癌。

全国肿瘤登记中心发布的《2012 中国肿瘤登记年报》证实，我国每年新发肿瘤病例大概是 312 万例，平均每天 8 550 人，全国每分钟就有 6 人被诊断为癌症，而排在首位的就是肺癌。过去 30 年，我国肺癌死亡率增长较快，成为增长速度最快的癌症，并且已经取代肝癌成为我国首位肿瘤死因。

通过对大鼠解剖研究后可看到，大鼠经隔天滴注 $PM_{2.5}$ 一共 6 天后，肺组织变硬，缺乏弹性，呈现暗红色，边缘色泽灰白，肺组织有显而易见的黑色颗粒物弥散，俗称黑肺。钟南山院士也曾在 2013 年"两会"

期间告诉记者，PM$_{2.5}$作为颗粒物本身只是一种载体，它能够携带二氧化硫甚至病毒，进入人体肺泡并被巨噬细胞吞噬，从而永久存在。

2. 饮食养肺

对于PM$_{2.5}$目前并没有太好的防护方法，戴口罩和饮食养肺都是常用方法。饮食并不能清除或者净化被吸入体内的PM$_{2.5}$，只能让肺变得更健康，让肺的生理功能更强大，在遇到PM$_{2.5}$危害时可以更好地通过自身系统抵抗。

要养出一个好肺，每天就应该吃得健康合理，首先要增加优质蛋白质，钙质含量高的食物摄入量每日应在90~110克，以补充尘肺及肺纤维化患者机体的消耗，增强机体免疫功能，如瘦肉、牛奶、鸡蛋、鱼、豆制品及排骨等。

应该多吃新鲜蔬菜与水果。研究表明，多吃各种绿叶蔬菜与西红柿对预防肺癌有明显作用。蔬菜中的黄体素、番茄红素、吲哚以及其他成分有抗癌作用，油菜、菜花菜、卷心菜、大白菜、甘蓝、芜菁等对肺癌的防护作用十分明显。

美国癌症研究所与中国医学科学院肿瘤研究所在对云锡矿工肺癌的研究中，除发现与上述相同结果外，还发现常吃葱、蒜对预防肺癌有好处，其有效成分为类胡萝卜素及其复合物。应多食用蘑菇、萝卜、菠菜、芹菜、白菜、荸荠等食物，这些食物具有吸附或促排粉尘的功效，有利于阻止肺纤维化以及病变。

增加维生素A的摄入量。维生素A可以维持细胞膜的完整性，维持上皮组织正常代谢，阻止细胞癌变，可以加速细胞核DNA修复，对基因表达具备调控作用。格拉汉在夏威夷多民族人群中的研究表明，每月摄入维生素A少于25 000个国际单位的人，患肺癌的危险性高于每月摄入维生素A大于150 000个国际单位的人。维生素A的衍化物与胡萝卜素以及类胡萝卜素预防肺癌都有一定效果。

有清热、利尿、祛痰、润肺作用的相关食物有藕、莲子、百合、绿豆、梨、冬瓜等，尤其是伤重咯血者更应该多食用这些食物。

如果受雾霾的危害太深而导致肺纤维化、结节固化，应多食用具有消痰、散结功能的食物，如海带、淡菜、紫菜等，多吃有利于消除结节。

保证戒烟戒酒、禁食辛辣食物。《灵枢·五味》提及"辛入肺"，《灵枢·九针》亦有"辛走气"的说法，《本草备要》说"辛者能散能润能横行"，所以辛味食材也可用来清肺。所谓"辛入肺""辛走气"，即辛能清肺，主要是辛味食物一般含有挥发油成分，能调节汗腺分泌、扩张呼吸道、改善呼吸功能。但是，"辛入肺"的前提是肺功能良好，对于饱受 $PM_{2.5}$ 之害、疲惫已久的肺，太辛辣是不行的。另外，还应谨慎食用胡椒、砂仁、杏子等热温性食物，忌槟榔之类的伤气食物，石榴等损气食物。

二、白色食物清肺养肺

中医上一般通过白色食物来清肺，但白色食物多偏寒凉，一般体质食用没有问题，但如果是过敏性体质，需要防止过犹不及，此时要增强对于外邪的防御能力，最好偏向温补，少吃甚至忌食寒凉食物。

对于因肺气虚而出现的呼吸气短、痰液清稀、声低、神疲乏力、易感冒等现象，可用人参、核桃仁、生姜、红枣熬汤饮用，常吃些白芝麻、山药，肉类可选瘦羊肉；肺阴虚出现消瘦、口燥咽干、干咳少痰、手足心烦热、痰中带血、声音嘶哑等症状，可用百合、糯米、花生米煮粥食用，或将银耳、鲜梨炖汤服用，也可用百合、沙参、麦冬、阿胶、花生米配猪肺煮食来食药兼补。橘子皮泡水或与米煮粥可以化痰止咳，枇杷可润肺化痰，丝瓜、冬瓜、荸荠清热化痰，痰多色黄者可常食用。多吃鲜藕、白萝卜、大白菜、梨、蜂蜜、银耳等食物，有补气润肺的效果。

1. 白萝卜

俗话说："冬吃萝卜夏吃姜，一年四季保安康。"由此可知吃白萝卜的好处。在雾霾天气发生得比较频繁的情况下，白萝卜也是很好的清肺蔬菜之一。白萝卜性寒，味甘、辛，入脾、胃、肺经，无毒。含水量较高，热量较低，含葡萄糖、蔗糖、果糖、多种维生素、粗纤维、蛋白质、淀粉酶以及钙、磷、锰、硼等成分。其中维生素 C 的含量相比梨、苹果、橘子高 8 倍以上，尤其是所含的胡萝卜素可以促进血红素增加，增加血液浓度。白萝卜含有淀粉酶，可以预防胃下垂、胃炎、胃溃疡等病症。白萝卜还能够治硅肺，帮助清除肺尘，具备使肺部纤维性变化逆转及消食、醒酒等作用。中医认为，白萝卜化积滞、解酒毒、散瘀血，进食萝卜有消食、顺气、化痰、止咳、利尿、补虚等作用。然而，白萝卜是寒凉蔬菜，阴盛偏寒体质者与脾胃虚寒者不应多吃。白萝卜主泻，胡萝卜为补，不能同食。此外，服用人参、西洋参时不能吃白萝卜，以免药效相冲。单纯性甲状腺肿患者慎重食用白萝卜，原因是容易诱发或加重甲状腺肿。腹胀、先兆流产、子宫脱垂的病人应避免吃白萝卜。

2. 豆腐

豆腐味甘、性凉，入脾、胃、大肠经，含有人体必需的微量元素，如铜、镁、锰、铁、钙、钼、锌、钴、锶、氟、硒等，还含有人体必需的氨基酸、碳水化合物、维生素类等。豆腐可降低血清胆固醇，所含成分可凝固血液，并含阻碍胶原酶作用的物质，对高血压、高血脂、糖尿病、冠心病、动脉硬化患者均有防治作用。主要功效有泻火解毒，生津润燥，补中益气，解酒毒等。对于脾胃虚弱、消渴、小便不利、肺热咳嗽痰多、痢疾等病症有一定辅助疗效。豆腐可以清除肺火，也可以治疗肺热痰黄、急性支气管哮喘等，对咽痛、胃热口臭、便秘者都有疗效。外出旅行时水土不服、遍身作痒的皮疹患者每日吃豆腐，可以协助适应水土。豆腐中的赖氨酸含量非常高，对儿童发育与增强记忆力有明显作用。要注意的是，豆腐和蜂蜜相克；菠菜与豆腐不可以同时吃，可能导致结石。此外，豆腐中含较多嘌呤，痛风患者应慎食。

3. 豆浆

豆浆是由黄豆压榨而成的汁。豆浆中胆固醇含量很低，但卵磷脂丰富，是防治高脂血症、高血压、动脉硬化等疾病的理想食品。鲜豆浆含有丰富的优良植物蛋白质，可以预防老年性痴呆症。鲜豆浆所含的铁质是牛奶的 4 倍多，可以防治缺铁性贫血。豆浆内含有很多麦氨酸，人体内缺少麦氨酸时容易在变天之际诱发气管痉挛和气喘病。长期坚持喝豆浆，可有效预防与治疗气喘病。此外，豆浆对于糖尿病患者是非常宝贵的食物，因为糖尿病患者通过摄取大豆等富含水溶性纤维的食物，有助于控制血糖。此外，作为"心血管保健液"，豆浆还有平补肝肾、抗癌、增强免疫等奇特功效。不过，豆浆虽好，忌喝过量，一次性喝太多豆浆，易引起过食性蛋白质消化不良，出现腹泻等不适症状。

三、夏季养肺宜清补

夏季由于气温偏高，人们在饮食安排上也较简单。偏偏夏、秋季又是雾霾的高发季节，如果此时不注意肺的养护，则很容易受到雾霾的危害。

1. 全民防霾迫在眉睫

美国宇航局地球气象台曾绘制了一张地球空气污染地图，并用不同颜色标明了全球各地悬浮微粒的状况。该图表明，污染最严重的是亚洲。而另一项发表于《美国国家科学院院刊》、由中外专家共同完成的研究证明，华北雾霾天气使北方居民平均减寿 5.5 年。中国疾控中心环境和健康相关产品安全所副所长徐东群也公开表明，2014 年持续大规模雾霾污染涉及我国 17 个省份，超过 1/4 的国土面积，影响到 6 亿人口左右，一场全民防霾运动迫在眉睫。

从 20 世纪 80 年代开始，几乎每年"十一"期间，华北地区就会被覆盖在雾霾天气之下，主要原因是气候与污染。由于夏秋换季时昼夜温差大，形成静稳天气，不利于污染物排放。国家城市环境污染控制工程技术研究中心彭应登研究员指出，这和秋季本身温度低、湿度大，容易形成雾天也有很大关系。此外，因为大城市污染物大量累积，更容易形成雾霾。有人提出疑问：放假期间北京市内机动车实际上并不多，为什么雾霾天气还如此严重？研究员彭应登指出，短期的车流变化并不会对空气质量产生很大影响。

2. 夏季养肺必不可少

在夏季，因为气温偏高，空气湿度加大，体内汗液无法通畅地发散出来，即中医所说的湿热弥漫在空气中。这时人们往往感到胸闷、恶心、精神不振、全身乏力等。对此，最好的应对方法就是适当清补，如何通过清补提高机体的防病能力是夏季养肺最关键的内容。夏季不适合大补，因为夏季炎热，吃大补的食物容易让身体不舒服。所以像羊肉等热性食物不宜多吃，尤其对于血压高的人来说。应多吃蔬菜，多吃些清热降暑的食物，如绿豆、各种瓜类等，少吃油腻的食物。可常食解暑药粥，如绿豆粥（见图 5-1）、扁豆粥、荷叶粥、薄荷粥等。

图 5 - 1　绿豆粥

　　唐代医药学家孙思邈提倡"常宜轻清甜淡之物，大小麦曲，粳米为佳"。人们应多吃蔬菜、豆类、水果等。这些食物富含维生素、蛋白质、脂肪，能够供给人体所需的营养物质，最主要的是这些食物含有大量的水分，可以补充人们在夏季由于出汗所流失的水分。夏季易中暑，主要是由于日光照射强烈，人体中的大量水分散失。而瓜果蔬菜特别是瓜类，都富含大量的水分。西瓜、冬瓜、苦瓜的含水量大部分超过60%。不过，有时健康问题也会随之出现。夏季是一个极易犯胃肠道疾病的季节，卫生问题不容小觑，建议老人最好不要生吃瓜果蔬菜，假如没有清洗干净，很容易拉肚子。因此，在市场上买回来的蔬菜一定要用盐水浸泡足够时间，然后才能烹调食用，以有效预防胃肠道感染。

　　此外还应注意少食过咸、过甜的食品，忌食辛辣油腻之品。少吃羊肉、牛肉、猪肉、辣椒、葱、姜等，避免发生内热而诱发其他疾病。前列腺不好的中老年男性不要喝酒（尤其是冰镇啤酒）、不要生吃蔬菜（特别是大葱等辛辣食物）。

　　中老年人在夏季主食上宜食用以粳米、麦粉为主要原料制成的米饭和软食（如粥、面条、馒头、糕等），以及各种汤、羹、糊等。因为中老年人的脾胃更容易接受这样的食物，它们富含大量水分，好消化并且可补充水分。

　　副食上应多食用味酸性凉或平，或性味甘凉（或甘平）的肉类、禽蛋类、蔬菜类、瓜果类等食物。食物烹调多用凉拌、炒、蒸、煮、炖、烩的方式，并适度摄入盐。因夏季大量出汗容易导致体内低钠，所以应通过摄入适量的盐来补充钠。

夏季还可以多食用一些带酸味的食物。因为中医认为"酸甘化阴"，即进食酸味、甘味食物可以化生大量津液。酸味食物有枇杷、芒果、梨、番茄、青梅、葡萄、李子、柠檬、桃子、橄榄、菠萝、山楂、杨梅、乌梅、杏子等。另外，喝酸奶也是一个好办法。

四、雾霾天的护肺方法

俗话说"秋冬毒雾杀人刀"。雾霾对人的身体影响较大，空气中的有害物质很容易对人体的呼吸道产生直接影响，会引起急性上呼吸道感染、急性气管支气管炎等疾病。此外，这些有毒物质还会阻碍正常的血液循环，导致心脑血管疾病的发生。我们还常常看到因入秋后天气转凉，许多人在雾霾天气都会出现呼吸不畅、咳嗽不止等症状。可见，雾霾天对肺部的伤害非常大，我们一定要注重雾霾天里的肺部健康保护。

1. $PM_{2.5}$ 对肺的伤害不可逆

专家认为，雾霾对人体的危害分为短期效应和长期效应。霾中含有多种有害颗粒，包括氮、硫等化合物，工业粉尘中的颗粒性物质（如 $PM_{2.5}$、PM_{10}）等，会对我们的呼吸道造成化学或者物理伤害。

当这些物质被人体吸入以后，较为敏感的人群可能会即时出现一些反应，如咳嗽、咳痰等，也有人会表现出气道发紧、胸闷、气短等剧烈反应。这些就是产生的短期效应。霾中的 $PM_{2.5}$ 等大颗粒物质通常能通过咳嗽咳出呼吸道，不过 $PM_{2.5}$ 等小颗粒物质会沉积到肺中，甚至黏附在肺泡表层。此时，无论怎么剧烈咳嗽与任何药物以及食物都不可能将它"赶"出来。

$PM_{2.5}$ 会引起肺泡弹性降低、功能减弱，甚至诱发肺纤维化，影响呼吸功能。时间一长，肺气肿、支气管炎、支气管哮喘，乃至肺癌就会形成，这就是长期效应。因此，雾霾中的 $PM_{2.5}$ 对呼吸系统损害极为严重，甚至不可逆转，如图 5-2 所示。

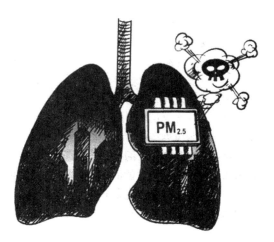

图 5 - 2　PM$_{2.5}$对肺的伤害不可逆

雾霾对肺的伤害是一个逐步累积的过程，平时很难引起人们的重视。生活在雾霾严重并且多发的城市，有的人即使过去身体十分健康，也会逐渐感觉自己干一点活或上几步楼梯就使不上力气，或会引发剧烈咳嗽、胸部发闷等症状，这就有可能是由雾霾诱发的症状。此外，一些人会出现杵状指，也就是手指外形像棒槌、指端膨大，同样需要引起重视，应即时就医，检查是否由于肺部受损而引起的组织缺氧。

肺部受损严重会引发肺癌。咳嗽是肺癌的早期症状，不过也有一些人没有任何症状，这取决于肿瘤的具体位置。假如肿瘤位置靠近肺、支气管内膜，通常会出现咳嗽症状；假如不在这些位置，无法刺激到咳嗽反射神经，就可能不会出现咳嗽症状，甚至整个发病过程没有呼吸道症状，也就是所谓的"肺外症状"。这类"肺外症状"包括皮炎、皮肤色素沉着、皮肤瘙痒、骨关节疼痛等，对医生、患者及家属都有非常大的欺骗性，极易被忽视。因此大家要对这些现象充分重视，尽量减少与避开雾霾给我们的肺部所带来的伤害。

2. 中医护肺止咳方法

针对空气污染和雾霾天气，要求我们外出时做好防护措施，佩戴口罩，防止吸入粉尘及有害物质，尤其应避免室内空气污染，使用环保涂料装修，在家要常通风透气。特殊职业者，即肺癌易患人群要做好防护措施，保护呼吸道，防止吸入性因素引起肺癌；定期体检，最好每半年一次。

另外，还要加强身体锻炼，提高身体免疫力，雾霾天气及空气质量差的时间段尽量少出门锻炼；气温下降时上下班应佩戴口罩，避免冷空气进入呼吸道诱发疾病；早晨出门锻炼时间在 6~8 时为宜，一般应在气候较温和时段进行锻炼，避免诱发呼吸道及心脑血管疾病。尽量多进行一些增加肺活量、提高心肺功能的运动，年轻人以跑步、打球为宜，中年人宜进行稍缓和的运动，如散步、打乒乓球，老年人不宜进行活动量过大的运动，可静坐深呼吸锻炼心肺功能。

除此之外，科学合理饮食，多食用新鲜蔬果，保持良好的情绪与积极乐观的生活态度，保持规律生活，避免熬夜与过度劳累，都可以帮助消除肺部不适。

可能许多人认为燕窝与木耳等食材能清肺，并可以防治雾霾带来的伤害。不过治病要治本，不少人因为推崇食疗方子，却忽视了最基本的防护。建议大家在雾霾天最好不要出门，不得不出门时一定要戴口罩，这才是最简单又最有效的防护方法。

在这个基础之上，还可采用中医方法益肺、护肺。针对三类人有三种不同的护肺方法：①气虚的人多表现为容易出汗、感冒反复，这类人应当用益气的西洋参、黄芪饮片泡水，代茶饮。②肺热的人多表现为大便干燥、口咽干，可用一些清肺的食材泡水喝，如黄连、麦冬、芦根。日常饮食可多食用梨、莲藕，多喝蜂蜜水。③阳虚偏寒的肺气虚患者多表现为惧冷，通常感到后背发凉，并伴有慢性咳嗽，可以用紫菀、款冬等泡水喝，饮食上多食用生姜。

五、饮食养肺方法

雾霾天会危害到人的肺，而至今并没有真正有效的食疗配方可以清除体内吸入的 $PM_{2.5}$。我们要做的就是日常注意对肺的养护，加强肺的抵抗力。

1. 肺是人体的"能源厂"

心脏是生命的"发动机"，肝脏是人体的"化工厂"，那么肺呢？从功能上讲，肺几乎就是人体的"能源厂"。因为"发动机"也好，

"化工厂"也罢，要正常运作都无法脱离氧气，而肺脏正是输送氧气并排出二氧化碳等废气的重要器官，医学上把肺的这一功能叫作呼吸，专家则称其为"吐故纳新"。从胎儿出生的瞬间开始，一直到生命结束的前一刻，呼吸从未中断。可见，肺脏在人的生命中扮演着多么重要的角色。既然呼吸是肺脏履行的神圣并且是唯一的职责，那么"吐故纳新"的情况就变成显示肺功能优劣的"晴雨表"。评判肺功能的好坏就是看吸入与呼出空气的量。

医学上有两个常用指标：一个是"肺活量"；另一个是"一秒量"。所谓"肺活量"，是指人吸足空气后再用力猛吹，能够吹出来的最大气体容量。通常健康成人可以吹出来的气体容量为 3.5 ~ 4.5 升，等同于成年人的肺活量。假如你用力猛吹，把肺活量全部吹出来通常需要 3 ~ 4 秒，第一秒吹出来的气体容量，医学上称为"一秒量"。健康成人的一秒量是 3 ~ 4 升，反映了肺的整体实力。所以，定期到医院肺科测一下这两个指标，依据检测结果及时调整保健措施，是科学护肺的基础。

婴儿出生后全身器官都开始发育，肺也不例外，其功能伴随年龄的增长而增强，25 岁左右到达顶峰。这也是年轻人跑步不会觉得累、爬山不会喘气，能进行任何激烈运动的原因所在。

只是肺功能一旦到达顶峰，就会开始"滑坡"，伴随衰老而减弱。研究资料表明，一秒量以及我们的肺活量以每年 0.03 升的速度下降。当一秒量下降到一定程度时，呼吸困难的症状就会出现。比如，一秒量下降到一半，也就是从正常的 3 ~ 4 升降到 1.5 ~ 2 升时，做剧烈运动时就可能会出现呼吸不畅等现象。一秒量下降到 0.8 升时，日常的平静生活尽管不受明显影响，然而已不能施行肺切除手术。假如一秒量下降到 0.5 ~ 0.6 升，不要说进行上下楼梯等活动了，就是在安静状态下也会表现出明显的呼吸困难、缺氧，要通过吸氧来维持生命。一旦风寒感冒，或者肺部感染，就可能出现呼吸衰竭而危及性命。所以，医学上将 0.5 升的一秒量看作生命最后的底线，若低于这一底线，人就很难存活了。

不过，如果肺功能不遭受损害，依照上述自然衰老规律，要下降到 0.5 升大概需要 100 年的时间，加上前 20 年的发育期，肺功能可以支持人活至 120 岁，所以大可不必为此忧心忡忡，重要的是要保持健康的生活方式。

但是，如果我们的肺经常受到有害物质的侵害，而且自身又不能给予其好的保护，那么我们的肺很可能无法有那么长的寿命。如吸烟就会让肺的功能减弱、寿命大幅缩短，雾霾也会严重影响到肺的功能。那么，我们应该如何应对呢？戒烟和雾霾天气减少活动前面已经介绍了，下面主要介绍肺的养生保健。

2. 养肺食品介绍

我们可以吃的食品很多，但有养肺效果的食物并不多。就算是有养肺效用的食物也要正确食用，否则不仅养不了肺还会带来其他危害。至于民间的妙方，要有科学验证才可以相信。在雾霾愈来愈频繁的情况下，应多吃以下食品以养肺防霾。

（1）"真菌皇后"——竹荪（见图5-3），养肺佳品。竹荪是一种珍贵的食用菌，被称为"真菌皇后"，是食疗佳品。它是寄生在枯竹根部的一种隐花菌类，形状略似网状干白蛇皮。竹荪营养丰富，香味浓郁，滋味鲜美，自古就被列为"草八珍"之一。日常生活中，竹荪最常见的吃法是用来做汤。竹荪具有滋补、益气、补脑、润肺止咳、清热利湿的功效。对治疗老年人咳嗽、气喘效果较好，但平时脾胃虚寒的人应慎食。现代医学研究也证明，竹荪中含有能抑制肿瘤的成分。竹荪中均匀多糖和非均匀多糖含量丰富，如膳食纤维素、半乳糖、甘露醇、木糖、葡萄糖等。竹荪多糖具有明显的机体调节功能和防病作用。

图 5-3　竹荪

（2）"多吃白燕麦，闲杂病不来。"白燕麦是一种低糖、高营养、高能食品，食用方便，口感也较好，在超市即可买到。平日易感冒、体质虚弱的人可以常食用。白燕麦中的膳食纤维有益于健康，可降低甘油三酯（三酰甘油）的低密度脂肪蛋白，促使胆固醇排泄，防治糖尿病，有利于减少糖尿病的血管并发症的发生概率；可通便导泄，对于习惯性便秘患者有很大的帮助。

据中国医学科学院卫生研究所综合分析，中国裸燕麦含粗蛋白质达15.6％，脂肪8.5％，还有淀粉释放热量以及磷、铁、钙等元素，与其他八种粮食相比，均名列前茅。燕麦中水溶性膳食纤维分别是小麦和玉米的4.7倍和7.7倍。燕麦中的B族维生素、烟酸、叶酸、泛酸都比较丰富，特别是维生素E，每100克燕麦粉中维生素E高达15毫克。

（3）白梨补肺不多吃。入秋时节，几乎每个人都要吃上几口白梨，不光是因为白梨味美，更多是因为白梨有滋润肺阴的效果。所以秋天或是空气干燥的时候食白梨能够润肺抗燥，防咳养生。滋肺效果最好的要算冰糖雪梨和雪梨饮。白梨可清喉降火，播音、演唱人员经常食用煮好的熟梨，则能增加口中的津液，起到保护嗓子的作用。白梨补肺好，但要注意梨性寒凉，一次不宜吃得过多；脾胃虚弱的人不宜吃生梨，可把梨切块煮水后食用；吃梨时喝热水、食油腻食品会导致腹泻。

（4）百合养肺妙处多。百合是解燥润肺的佳品。百合质地肥厚，清香爽口。性平，味甘、微苦，有润肺止咳、清心安神之功，对肺热干咳、痰中带血、肺弱气虚、肺结核咯血等症，都有良好的疗效。此外，百合还有清热、安神的作用，可用于缓解热病后余热未清、烦躁失眠、神志不宁，以及更年期出现的神疲乏力、食欲缺乏、低热失眠、心烦口渴等症状。百合的四大功效如下：

①润肺止咳。百合鲜品富含黏液质，具有润燥清热的功效，中医用百合治疗肺燥或肺热咳嗽等症经常能够奏效。

②宁心安神。百合入心经，性微寒，可以清心除烦、宁心安神，用于热病后余热未消、神思恍惚、失眠多梦、心情抑郁、悲伤欲哭等疑难杂症。

③美容养颜。百合花色洁白娇艳，鲜品富含黏液质以及维生素，对皮肤细胞新陈代谢有奇特功效，经常食用百合，有一定美容功效。

④防癌抗癌。百合富含多种生物碱，对白细胞减少症有一定的预防功能，对化疗以及放射性治疗后细胞减少症有治疗作用。百合在体内还

可以促进与增强单核细胞系统的吞噬功能，提升机体的体液免疫能力，所以百合对多种癌症都有较好的防治效果。

（5）吃肺不养肺。民间常说"胃痛蒸猪肚子吃""心脏病，吃猪心""贫血要多吃猪肝"等，这些都是根据中医"以脏补脏"理论提出的治病方法。所谓以脏补脏，就是以动物的脏器来补人体脏器的不足。用现代医学来分析，上述说法并不一定科学。

"以肺补肺"是曲解中医"以形补形，以脏补脏"的说法。随着中医疗法越来越普及，很多人对中医都有一点认识，但这种认识有时是"曲解"了中医的某些理论与疗法。除了"吃什么补什么"外，古人还留下了将动物的器官制成中药材或配制成药酒的传统。这主要是古人在当时营养不良、科技落后、药物匮乏的情况下，利用动物器官中某种成分，来获取微薄疗效的一种做法。因为动物呼吸的时候会把很多灰尘和空气中的有害物质一起吸进去，而且肺里有大量的血液残留，如果动物有疾病，则很容易传染给人。此外，动物肺脏内会有寄生虫，且不容易清理干净，细菌很多。

鸡的内脏可以吃的有鸡心、鸡胗、鸡肝等，但不包括鸡肺在内，在加工鸡时必须去掉鸡肺。因为鸡肺有很强的吞噬功能，它可吞噬活鸡吸入的微小灰尘颗粒，肺泡能容纳进入鸡体内的各种细菌，这对鸡自身并没有任何危害，但将鸡宰杀后，鸡肺内会残留少量死亡病菌和部分活菌。通过加热，虽然能杀死部分细菌，但是对有些嗜热菌却不能完全杀死或去除。人们一旦食用，则直接侵入体内，造成病变，严重危害人体健康。

六、支气管炎饮食疗法

支气管炎急性期是由发热与咳嗽为主引起的疾病，因为发热可加快新陈代谢，体内的热能与营养以及水分消耗增多，所以，发热病人应多食用高热量、富有营养且易消化的食物。注意补充水分以及维生素，避免吃油腻滋滞的食物。

1. 支气管炎的生活预防

（1）戒烟。慢性支气管炎患者既不能吸烟，也不能在吸烟者周围活动，原因是烟中的化学物质如焦油、尼古丁、氢氰酸等，可作用于植物神经，引起支气管痉挛，从而加大呼吸道阻力。此外，吸烟还可能损伤支气管黏膜上皮细胞以及纤毛，使支气管黏膜分泌物增多，减弱肺的净化功能，容易引起病原菌在肺及支气管内的繁殖，导致慢性支气管炎的发生。

（2）注意保暖。在天气变冷之际，患者要注意御寒，避免受凉，因为寒冷可减弱支气管的防御功能，会引起支气管平滑肌收缩、黏膜血液循环障碍以及分泌物排出受阻，发生继发性感染。

（3）加强锻炼。慢性支气管炎患者在平缓期要进行适当的体育锻炼，以增强机体的免疫能力以及心、肺的贮备能力。不过锻炼时不可以大口呼吸，最好是学会口鼻交替呼吸。此外，已经患有慢性支气管炎的病人可以学做呼吸操。

（4）预防感冒。懂得自我保护，有条件者可以尝试做耐寒锻炼。也可通过注射疫苗来预防感冒。

（5）做好环境保护。避免烟雾与粉尘以及刺激性气体对呼吸道的影响，避免诱发慢性支气管炎。

（6）注意居室通风。居室要注意通风换气，清晨起来或者白天阳光较好时最好通风半小时左右，因为室内空气污染也会引发甚至加重病情。

（7）避毒消敏。二氧化硫、一氧化碳、粉尘等有害气体及毒物会使病情加重，家庭中的煤炉散发的煤气也会诱发咳喘，居室应该注意通风，厨房应安装抽油烟机及换气扇，以保持室内空气新鲜。寄生虫、花粉、真菌等能够引起支气管特异性过敏反应，应当保持室内外环境的清洁卫生，及时清除污物，消灭细菌。

2. 支气管炎的饮食预防

慢性支气管炎属于慢性消耗性疾病，因为呼吸障碍，时间一长会影响自主神经系统、内分泌系统，致使体质减弱、食欲不振，必须及时补充足够的营养，并食用一些具有化痰作用的食物。在雾霾天，除预防雾霾的危害外，最主要的就是要做好饮食搭配。

增加适量的蛋白质以及多种维生素，少吃甜食，可选用动物性蛋白，如猪瘦肉、鱼肉、鸡肉等；植物性蛋白，如豆腐、豆浆、杏仁、芝麻、核桃等。维生素的补充，应当以食用新鲜水果、蔬菜为主，维生素B 的补充可以增进食欲，有助于消化，它主要存在于植物性食物中，以谷麦类胚芽部含量最高，豆类、花生、酵母、薯类等食物中含量也较多，可根据自己的习惯选用。维生素 C 有增强对感染的抵抗力、防止出血等功效，其含量在水果中比较高，如沙田柚、柿子、草莓、柑橘、刺梨、番石榴。经常吃这些水果，对治疗慢性支气管炎非常有帮助。不过，糖类容易发酵，其代谢过程也会产生较多的二氧化碳，增加肺部排气负担，并且能助湿生痰，所以不宜多吃。

3. 紧急情况的应对

如果病人咳嗽、咳痰、气喘等症状加重，甚至出现呼吸困难，嘴唇、指甲发紫，下肢浮肿，神志恍惚，嗜睡等症状，要及时就医。在急性发作期应该控制感染，合理使用抗生素，对卧床病人要及时采取排痰措施，以防阻塞气管，引起继发性感染。

七、肺心病饮食疗法

肺心病在我国是常见病与多发病。慢性肺心病的早期症状是长期咳嗽、咳痰及不同程度的呼吸加重，尤其是活动后或在寒冷季节里症状更加明显。雾霾天气对肺心病患者有很大的危害，如会增加死亡率，加剧慢性病，迫使呼吸系统及心脏系统疾病恶化，改变肺功能及结构，影响生殖能力等。

1. 肺心病患者雾霾天的应对方法

避免在清晨锻炼；外出戴口罩；进屋立即洗脸；用生理盐水洗鼻；多喝水；等太阳出来再开窗通风。

2. 肺心病患者饮食应遵循的七个原则

（1）要有节制。肺心病患病时间长，自我消耗很大，同时因右心功能不全导致胃肠道淤血，影响消化和吸收，令人食欲减退。这两者互相矛盾，应给患者提供营养丰富、容易消化吸收的食物。可以少食多餐，这样不仅保证了营养供给，而且减轻了胃肠负担。

（2）注意五味调和。饮食有酸、甜、苦、辣、咸五味，不同的疾病有不同的禁忌。如呼吸困难、咳嗽者应忌食辣品；伴心功能不全者应低盐饮食；高血压、动脉硬化患者，应进行低脂饮食。中医认为，过食肥甘厚味，易助湿、生痰、化热；过食生冷食物，易损伤脾胃阳气，以致寒从内生；偏食辛辣等刺激性食物，又能使肠胃积热，内生火热毒邪。因而不能按照个人喜好而偏食。另外，烹调也要讲究五味调和，使饭菜美味可口，增加患者的食欲。

（3）要与病情寒热相适应。疾病有寒热之分，饮食也应注意与寒热相应。肺心病缓解期多为虚寒，故宜吃温热的食品，忌食生冷的食品；急性发作期多有痰热之邪，应忌辛温燥热和肥甘厚味之品。

（4）以清淡为主。中医历来主张清淡饮食养生，百姓常说"鱼生火，肉生痰，青菜萝卜保平安"。当今世上许多长寿老人的养生秘诀，大多也是以清淡饮食为主。

（5）多吃蔬菜。肺心病患者体力差，活动少，容易便秘，又由于消化功能障碍，肉吃得过多则不易消化。因此，应多吃蔬菜、水果等富含营养且容易消化的食物。

（6）糖类的比例不能过大。太多的糖可增加二氧化碳的生成，糖摄入过多还可诱发胰岛素释放，加重呼吸衰竭。因此，要根据医护人员的科学指导，在不同阶段给患者吃相应且适量的食物，才能真正发挥营养疗法的作用。

（7）摄入蛋白质的量应适当。过量的蛋白质会使中枢的通气驱动作用增强，从而增加呼吸负荷，不利于患者的恢复。在营养比例上，最好是碳水化合物占 50% ~ 60%，蛋白质占 15% ~ 20%，脂肪占 20% ~ 30%。

以上都是肺心病患者在饮食疗法方面需要注意和遵循的，当然也可以根据自己的口味调配不同的菜谱，不违背这些原则即可。

第六章

世界各国雾霾防治经验及启示

从世界各国雾霾发展史来看，经济发展到一定阶段，随着传统化石能源的大规模消耗，所产生的环境问题逐步显现出来。特别是大气污染，因其涉及面广，影响严重，更加受到关注。美国、日本等发达国家也受到过同样的困扰。之所以会受到同样的困扰，归根结底，是因为这些国家在工业化进程中选择了"先污染，后治理"的道路。减少或者替代工业化进程中的传统化石能源消费以及化石能源清洁利用成为各国入手处理大气污染问题的基本解决路径，从发达国家治理雾霾的基本经验中可以看出这一点。

从历史看，雾霾是传统工业化方式的必然产物，雾霾等大气污染是伴随着人类社会工业化的进程而产生的，世界上多个国家都有过类似情况，为治理雾霾，许多国家采取了诸多行之有效的措施。因雾霾多发生在工业化大城市，因此城市之间的联防联控机制成为雾霾治理的基本经验之一。

综合国外大城市的雾霾治理一体化经验，总结如下：

一是行政手段，如政府大力推动新能源汽车、绿色交通和节能减排；二是法律手段，通过严格监管、强制督促实施环保方案，并加强环境执法和处罚力度；三是经济手段，如通过排污权交易促进节能减排，通过政府减免税收和财政激励来引导绿色经济发展；四是完善环境基础设施手段，如加强绿化、节水、节地等。

一、世界各国典型雾霾事件成因及其治理

工业化国家在发展过程中，都曾有过严重的大气污染问题，经历过雾霾频发的阶段，其成因既有个性，又有共性，各国均采取了有针对性的应对措施。

（一）两起典型雾霾事件

在欧美等发达国家出现的严重大气污染的代表性事件是 1952 年的伦敦烟雾事件和 20 世纪 40 年代开始的美国洛杉矶光化学烟雾事件。

1. 伦敦烟雾事件

伦敦是老牌资本主义国家英国的首都，是欧洲最大的城市，也是全球最繁华的城市之一。伦敦是欧洲的经济金融贸易中心，与美国纽约、

日本东京并列为世界上最重要的金融中心。16世纪后，随着英国资本主义的兴起，伦敦城市规模迅速扩大。

伦敦在第二次世界大战后人口增加，20世纪50年代进入繁荣时代。自1952年12月5日开始，逆温层笼罩伦敦，城市处于高气压中心位置，垂直和水平的空气流动均停止，连续数日无风。当时伦敦冬季多使用燃煤取暖，市区内还分布有许多以煤为主要能源的火力发电站。由于逆温层的作用，煤炭燃烧产生的二氧化碳、一氧化碳、二氧化硫、粉尘等气体与污染物在城市上空蓄积，引发了连续数日的大雾天气。其间，由于毒雾的影响，不仅大批航班取消，而且白天汽车在公路上行驶都必须开着大灯。因为看不见舞台，室外音乐会也被取消。当时，伦敦正举办一场"牛展览会"，参展的牛首先对烟雾产生了反应，350头牛中有52头严重中毒，14头奄奄一息，1头当场死亡。不久伦敦市民也对毒雾产生了不适反应，许多人感到呼吸困难、眼睛刺痛，发生哮喘、咳嗽等呼吸道症状的病人明显增多，进而死亡率陡增。据史料记载，仅12月5日到12月8日的4天时间里，伦敦市死亡人数就高达400人。在发生烟雾事件的一周中，48岁以上人群的死亡率为平时的3倍；1岁以下人群的死亡率为平时的2倍。这一周内，伦敦市因支气管炎死亡704人，因冠心病死亡281人，因心脏衰竭死亡244人，因结核病死亡77人，死亡人数分别为前一周的9.5倍、2.4倍、2.8倍和5.5倍。12月9日之后，由于天气变化，毒雾逐渐消散，但在此后的两个月内，又有近8 000人因为烟雾事件而死于呼吸系统疾病。当时人们没发现有什么异常，后来重新检查当年死亡病人的肺的样本，发现其中含有许多重金属、碳和其他有毒元素，这些元素均来自燃料。在这一年，英国的公交车换成了燃油的，而且冷空气使人们家家户户都燃起壁炉，空气污染更加严重。此后的1956年、1957年和1962年，伦敦又发生了12起严重的烟雾事件。直到1965年后，有毒烟雾才从伦敦消散。

2. 洛杉矶光化学烟雾事件

美国洛杉矶光化学烟雾事件是世界上又一著名的公害事件。洛杉矶市位于美国西岸加利福尼亚南部，洛杉矶市人口380万，大洛杉矶地区人口约1 777.6万。按照人口排名，是美国的第二大城，仅次于纽约。洛杉矶市西临太平洋，东、南、北三面为群山环抱，处于气象学中所称

"西海岸气候盆地"之中，大气状态以下沉气流为主，极不利于污染物质扩散；常年高温、少雨，日照强烈，给光化学烟雾的形成创造了条件。洛杉矶早期开发金矿、石油和运河，加上得天独厚的地理位置，很快成为一个商业、旅游业都很发达的港口城市，空前繁荣。世界闻名的电影中心好莱坞和美国第一个"迪士尼乐园"都建在这里。城市的繁荣又使洛杉矶人口剧增。白天，纵横交错的城市高速公路上拥挤着数百万辆汽车，整个城市仿佛一个庞大的蚁穴。从 1943 年开始，洛杉矶每年从夏季至早秋，只要是晴朗的日子，城市上空就会出现一种浅蓝色烟雾，使整座城市的上空变得浑浊不清。这种烟雾使人眼睛发红，咽喉疼痛，呼吸憋闷，头昏、头痛。1943 年以后，烟雾更加肆虐，以致远离城市 100 千米以外、海拔 2 000 米高的山上大片松林枯死，柑橘减产。仅 1950—1951 年，美国因大气污染造成的经济损失就达 15 亿美元。在 1952 年 12 月的一次光化学烟雾事件中，洛杉矶市 65 岁以上的老人死亡有 400 多人。1955 年 9 月，由于大气污染和高温，短短两天之内，65 岁以上的老人又死亡 400 多人。直到 20 世纪 70 年代，洛杉矶市还被称为"美国的烟雾城"。通过实施一系列措施，洛杉矶光化学烟雾在 20 世纪 80 年代以后得到缓解。

3. 两起典型雾霾事件的成因

针对两起严重大气污染事件，以欧美为代表的发达国家逐渐形成了"外场观测—实验室模拟—数值模式"相结合的闭合研究体系，极大地加深了人们对大气污染的物理、化学过程的认识，对雾霾事件的成因也有了深刻的认识。

对伦敦烟雾事件的研究表明，1952 年伦敦烟雾事件发生的直接原因是燃煤产生的二氧化硫和粉尘污染，间接原因是开始于 12 月 4 日的逆温层所造成的大气污染物蓄积。大气中的二氧化硫被氧化形成硫酸盐，与燃煤产生的粉尘结合，导致表面吸附大量的水，成为凝聚核，这样便形成了浓雾。针对 1952 年伦敦烟雾事件，著名的《比佛报告》形成了，英国政府后颁布了《清洁空气法》，该法案是一部控制大气污染的基本法，对煤烟等排放进行了详细具体的规定。

洛杉矶光化学烟雾事件是汽车、工厂等污染源排入大气的碳氢化合物和氮氧化物等一次污染物，在阳光的作用下发生光化学反应，生成臭氧、酸、酮、过氧乙酰硝酸酯等二次污染物，再由一次污染物和二次污染物的混合物所形成浅蓝色有刺激性的烟雾污染现象。洛杉矶在20世纪40年代就拥有250万辆汽车，每天大约消耗1 100吨汽油，排出1 000多吨的碳氢化合物，30吨氮氧化物，以及不止700吨的一氧化碳。此外，还有炼油厂、供油站等其他石油燃烧污染物排放，这些化合物被排放到阳光明媚的洛杉矶上空，形成了一个"毒烟雾工厂"。

（二）世界各国大气污染治理历程

1. 欧洲大气污染防治历程

19世纪中后期，随着煤烟型污染在欧洲愈演愈烈，欧洲多个城市遭受了严重的烟雾事件侵袭，以英国为首的欧洲国家采取了提高烟囱高度和大规模开发应用消烟除尘、脱硫技术等的控制策略。直到20世纪40年代，欧洲国家通过燃料替代的方式将煤炭改为天然气和油，困扰多年的煤烟型污染才得以解决。

到20世纪70年代，酸雨与污染物跨界传输的问题显现，促使欧洲开始采取积极的总量削减控制策略，1985年的《赫尔辛基公约》首次提出了对二氧化硫削减50%的目标，此后在不同的公约中又分别增加了对氮氧化合物和挥发性有机化合物的削减目标。为了实现污染物的削减目标，欧盟通过实施大型燃烧装置大气污染物排放限制加强对燃煤电厂污染物排放的控制，1987年出台了首部《大型燃烧企业大气污染物排放限制指令》，对新建电厂的二氧化硫、氮氧化物和颗粒物排放进行控制。从1994年以来，基于不同的生态环境，充分考虑地区间差异的临界负荷概念，各缔约国根据自身对酸雨的敏感性程度来制定减排目标和进程，有效调动了各国的减排积极性，同时也使主要污染物的排放在原本已获得较好成效的基础上得到了进一步控制。

1999年发布的《哥德堡议定书》以控制酸化、富营养化和近地面臭氧的排放为目标，分别对二氧化硫、氮氧化物、挥发性有机化合物、重金属和氨的排放进行了限制，并进一步提出了对排放量较大和削减成本相对较低的国家进行大幅削减的计划。2001年欧盟进一步推行了"欧洲洁净空气计划"，该计划基于相关数据，利用RAINS模型从人体健康、建筑物、农作物和生态系统四个方面对2000—2020年污染物浓度及其影响进行了基线情景研究，并展开了相应的费效分析。2002年修订了《大型燃烧企业大气污染物排放限制指令》，进一步加严了对污染物排放量的控制指标。

2. 美国大气污染防治历程

第二次世界大战结束后，美国多个城市经历了经济快速增长、房地产开发、道路建设以及人口膨胀。在加利福尼亚州，南部的洛杉矶地区和北部的旧金山地区成了当时该州最令人瞩目的地区。随着城市的扩张和发展，洛杉矶和旧金山地区开始出现"烟雾"笼罩的现象。为解决旧金山地区的大气污染问题，1955 年成立了"湾区空气污染控制区"，以治理当地的大气污染，并于 1957 年实施了第一个污染控制措施，即禁止垃圾堆和废物堆的露天燃烧。

美国国家层面对大气污染的系统治理始于 20 世纪 70 年代。1970 年，美国环保署（EPA）成立，同年通过了《清洁空气法》。《清洁空气法》奠定了美国沿用至今的大气污染治理体系基础，从而构建了美国环境大气质量标准与排放总量控制相结合的大气污染防治策略体系。美国环保署在全国设立了 247 个州内控制区和 263 个州际控制区，各州对其所管辖区域内的空气质量负有主要责任。这一阶段美国主要通过对电厂和其他重工业废气的净化，以及对汽车尾气排放控制等策略来改善空气质量。

1977 年的《清洁空气法》将全美划分为"防止严重恶化区"和"非达标区"。为了达到国家环境空气质量标准，各州都制定了固定源和移动源相关污染物的排放标准，并以州实施计划的形式给出各州空气质量达标和改善的时限以及具体措施和可行性分析，美国环保署批准并对其执行情况进行监督检查。1990 年的《清洁空气法》将酸雨、城市空气污染、有毒空气污染物排放三方面的内容纳入法案中，制订和实施酸雨计划，并规定了二氧化硫排放许可证和排污交易制度。随着近地面臭氧和细颗粒物污染成为突出问题，2005 年美国环保署进一步发布了相关法规，旨在通过同时削减二氧化硫和氮氧化合物，帮助各州的近地面臭氧和细颗粒物达到环境空气质量标准。

3. 日本大气污染防治历程

日本作为一个在第二次世界大战以后快速发展起来的工业化国家，在经济高速发展的过程中，也产生过不少环境污染问题，发生过"水俣病""骨痛病"等世界著名的污染事件。但日本较好、较快地解决了严重的污染环境问题，在环境保护方面成为典范。

与欧美各国相比，日本污染问题的产生，主要是把工业化的过程压缩在短期内实现的结果。环境恶化的速度快，采取应对措施的速度也很快。日本的大气污染防治历程大致可划分为两个时期。

第一个时期为 1955 年至 1973 年。1945 年日本战败后，经过十年重建，经济复苏。从 1955 年开始到 20 世纪 70 年代初，日本进入了前所未有的经济高速增长时期。20 世纪 50 年代后半期的实际经济增长率为 8.8%，60 年代前半期为 9.3%，到 60 年代后半期上升为 12.4%。与此同时，能源的消耗也日渐加大。从 1955 年到 1964 年，日本的能源消耗量增长了约 3 倍。伴随着高速的工业化和不断增加的能源消耗，日本产生了严重的大气污染和其他形式的环境污染。在东京，一到冬季市民就很难看见太阳。在川崎、尼崎、北九州等地，大气污染进一步恶化，引发市民罹患慢性支气管炎和支气管哮喘病等病症。1964 年 9 月，发生在富山市的化工厂氯气泄漏事故，导致 5 131 人中毒。从 20 世纪 50 年代后半期到 60 年代前半期，由于在沿海大规模建设联合企业，致使能源政策由煤炭向石油转移，这也造成大气污染类型以烟尘型为主转变为以硫氧化物型为主。为了紧急应对严重的大气污染和随之产生的健康问题，国家实施了积极有效的对策。如政府制定规则，指导工业界引进低硫原油，规划和引进重油脱硫装置，引导民间革新和投资排烟脱硫装置等诸多污染管理技术，使工业发展造成的大气污染在短期内得到较大改善，在经济没有受到严重影响的情况下，成功实施了对工业污染的治理，最终实现了 OECD 报告书中所说的"在污染防治战争中取得胜利"。

第二个时期为 1974 年至今。这一时期，汽车排气叠加在众多工厂、作业场所的排放之上，以氮氧化物等为主的城市生活型大气污染成为大气污染控制的主要对象。采取的措施仍沿袭了前一时期所采取的对策，通过制定每辆汽车的排气标准（单个排放源限制）、开发汽油车排放气体控制技术等措施获得了成功。

在这一时期，由于石油危机后的能源价格上调，促进了节能政策的出台和节能技术的发展。随着 1973 年的第四次中东战争、1978 年的伊朗革命和 1990 年的海湾战争，世界石油市场出现危机，日本采取积极的节能措施和推进新能源的政策，加快了工业结构从重工业为主向机械组装、信息等工业方向的转化，削减了工业部门的大气污染物排放量，在节约能源、利用新能源的同时，有效改善了空气质量和环境。

（三）世界各国大气污染治理的主要措施

发达国家治理大气污染总体上是把立法作为重要保障；把理念创新、转变发展方式和生活方式作为根本途径；把公众参与监督、加强规划管理和对公民进行环保教育作为有效手段。

1. 加强大气污染防治法律法规建设

（1）制定完善的大气污染防治法律体系。英国早在 19 世纪就制定了《公共卫生法案》等，并于 1956 年颁布了专门针对大气污染的《清洁空气法案》。美国于 1955 年颁布了《空气污染控制法》，并于 1963 年制定了《清洁空气法》，成为大气污染防治的主要法律依据。日本于 20世纪 50 年代颁布了《烟尘限制法》《公害对策基本法》《大气污染防治法》等大气污染治理的综合性法律体系。

（2）明确各级政府大气污染防治的权责。美国 1970 年修订的《清洁空气法》明确联邦负责制定全国空气质量标准，州负责制定本州达标方法与时间表，地方负责具体实行，并针对本地特殊情况进行补充。英国《环境保护法》提出中央政府制定统一的国家空气质量战略，政府有权在无法达到国家空气质量标准的区域申请成立空气质量管理区，并制订长远空气质量行动计划以达到国家标准。国家环境局综合控制大型、危险的工业设施，地方政府监管小型、危险程度低的工业设施。国家成立空气污染健康影响委员会，评估各空气污染区对人体健康的影响。

（3）划定大气污染控制区域，实行区域联动。美国《空气质量法》划定空气质量控制区，协调各州间的大气污染问题。1976 年，加利福尼亚州率先建立控制区域空气污染的政府实体"南海岸区域空气质量管理区"，并赋予其立法、执法、监督、处罚的权利，通过制订并推行空气质量管理计划，以及排污许可、检查、监测、信息公开和公众参与等方式实现减排目标。英国、日本的大气控制区范围较小，中央和地方的关系更加灵活。

（4）制定并适时修订大气污染物的种类和排放标准。1968 年英国修订的《清洁空气法案》确定烟尘浓度的"林格曼黑度"，规定在控烟区内严禁排放高于"林格曼黑度"的黑烟，随后又制定了国家大气排放物目录以评估污染源排放量。1995年，明确78个行业的主要污染物标准。2012年起开始实行新的空气质量指数评价体系，明确规定二氧化硫、二氧化氮、$PM_{2.5}$、PM_{10}、铅等12项污染物的上限值或目标值。美国根据污染物构成变化，于1990年修订《清洁空气法》时将原来的大气污染物调整为臭氧、一氧化碳、二氧化硫、二氧化氮、铅以及颗粒物，并明确了新的标准。

（5）规定多种渠道的经费来源，为大气污染防治提供资金保障。美国大气污染防治经费数额巨大，来源多元。20世纪90年代在空气污染控制领域的支出每年在310亿~370亿美元，而2003年国家环保局全年的工作经费仅76.16亿美元，其他经费来源主要包括排污收费、排污权交易和燃油税费等。英国1956年的《清洁空气法案》明确规定了在控烟区内改装炉灶的费用，其中，30%自理，30%由地方政府解决，40%由国家补助。日本环境保护的资金来源除政府直接补贴外，还包括排污收费、环保税收、环境基金等，1973年《公害健康损害补偿法》进一步规定向污染企业强制征收污染费以补偿污染受害者。自从1990年美国《清洁空气法》正式提出排放量交易制度后，目前发达国家均开始尝试通过排放权交易制度促进市场对大气污染的调节。

2. 加快产业转型和能源结构转型

（1）强制推行工业和能源领域污染治理，鼓励产业结构调整，发展循环经济。英国制定污染工厂的酸性上限浓度和烟雾浓度，并在相关法案的支持下，强制关闭或转移大型污染设施。20世纪80年代，随着全球制造业向发展中国家转移，发达国家对工业污染的控制全面转向为产业结构调整，着力于发展高科技产业、服务业和绿色产业。同时，欧洲国家和日本政府也开始大力倡导循环经济，鼓励企业采用先进的清洁生产工艺和技术，并倡导在企业内部、企业之间、产业园区中构建废弃物相互利用的循环经济体系。

（2）工业治理思路从排放浓度控制向总量控制转变。早期发达国家的大气污染物排放控制以浓度控制为主，20世纪80年代后，各国修订相关标准时均引入排放总量控制。日本的总量控制分为排放口总量控制和区域总量控制。排放口总量控制以最高允许排放总量和浓度为基础，以不超标为要求；区域总量控制以排放总量的最低削减量为基础，以削减达标为要求。政府对排放总量、总量削减计划、额度分配等均进行了严格界定。

（3）推进能源结构转型，鼓励新能源应用。1973 年的石油危机倒逼发达国家降低能源需求，提高能源效率，并推动能源结构转型。1970年，英国能源消费结构中煤炭、天然气、石油、电力的比例约为39.1：2.5：47.0：11.4，此后相继通过发布能源白皮书《我们能源的未来：创建低碳经济》和《英国可再生能源战略》，提出能源规划、供应链、电网建设、生物能源利用方面的改革计划和税费、金融政策支持。2011 年，英国能源消费结构中煤炭、天然气、石油、电力及可再生能源比例已调整为 1.8：30.7：45：19.8：2.7，并计划将可再生能源比例不断提高。

3. 加强节能减排，倡导低碳生活方式

（1）重点治理交通污染。20 世纪 80 年代，交通污染取代工业污染成为发达国家空气质量的首要威胁，各国均加强了交通污染治理。首先是提高并统一新车排放标准。英国要求所有新车必须加装催化器以减少氮氧化物污染，对超标车辆罚款。美国加利福尼亚州要求 1994 年后出售的汽车全部安装"行驶诊断系统"，即时监测机动车的工作状态，让超标车辆及时脱离排污状态并接受维修。其次是推广清洁能源。各国均大力推广使用无铅汽油。日本积极开发轻油低硫黄化和柴油汽车低公害化的新型技术。再次是限制私家车行驶，积极发展公共交通。2000 年以后，英国和日本均大力投资发展氢燃料电池公共汽车，伦敦提高市内停车费用，出台"堵塞费"，并设立 1 000 英里（约 1 609.3 千米）长的公交专用道和自行车道。东京都市圈以轨道交通为主，形成 2 000 千米长、500 个车站的轨道交通网络，承担了东京都市圈 80% 以上的城市客运交通量。

（2）重视城市绿地建设和管理。伦敦绿化带始建于 20 世纪 40 年代，2010 年绿化带面积达 4 841 平方千米，而建成区面积仅为 1 577 平方千米。同年英国绿化带总面积约 1.6 万平方千米，占英国国土面积的13%。实施 5 个城市绿地保护计划，建立了详细的城市绿化标准，包括人均占有城市公园面积、布局、服务半径、规模、选址、服务设施设置和允许建筑面积等。东京都政府还出台了补助金等一系列政策，鼓励和支持屋顶绿化。《绿色东京规划（2001—2015）》提出，到 2015 年东京屋顶绿化面积要达到 1 200 公顷。

（3）鼓励居民使用节能电器。20 世纪 70 年代，英国政府开始鼓励市民和商家使用节能电器，其后日本和美国也建立了电器使用的"节能标签"制度和"能源之星"标识体系，并给予使用者财政补贴和税收优惠。

（4）鼓励低碳建筑和低碳社区建设。1993 年，英国环境、交通、建筑研究等部门共同开发了建筑物能源利用效率的能源效率标准评价程序。2007 年，英国政府宣布在全国建设了 10 个生态镇，并对所有房屋节能程度进行"绿色评级"，并要求从 2016 年开始，所有新建住宅必须实现"零排放"。英国的贝丁顿社区成为世界低碳社区典范。

4. 加强环保信息公开，鼓励公众参与和监督

（1）实时监测并公开大气污染状况，为居民提供免费的技术指导和生活引导。美国环保署等机构通过 AirNow 网站向公众即时发布关于全美各地空气质量水平的信息，包括动态空气质量指数图、臭氧指数图、$PM_{2.5}$ 指数图以及根据各指数列出的全美空气质量最差的 5 个地点，并为居民提供生活指引。日本在 248 种有害大气污染物质中，针对 23 种优先对待的污染物制定了详细的测定方法，并建立了测定管理体系。英国伦敦于 1999 年建立了第一个 $PM_{2.5}$ 监测站，目前已有 17 个监测站在运行。

（2）通过司法诉讼加强社会对污染事件的关注，提高民众参与污染防治的热情。1970 年美国的《清洁空气法》首次将公民诉讼条款纳入环保立法中，规定任何人都可以作为私人公民对触犯环保法规者和未能履行职责的环保机构和官员在法院进行起诉。1996—2007 年，日本东京大气污染受害者以政府和七大汽车厂家等为被告提起损害赔偿诉讼，迫使被告出资设立受害者医疗费资助制度，赔付 12 亿日元和解金，并迫使政府出台抑制汽车尾气的排放对策。

（3）鼓励社会团体开展相关研究推动立法完善。这一领域的典型案例是以美国癌症协会（ACS）、美国肺脏协会（ALA）为代表的社会

机构与学术界开展的 PM$_{2.5}$ 与城市非正常死亡、致病性之间关系的学术研究，为 PM$_{2.5}$ 立法提供了强有力的科学依据，有效推动了美国环境立法的补充与完善。

5. 加强环保教育，提高公众环保和节能意识

（1）环保教育从娃娃抓起。德国有关幼儿教育的法规规定，幼儿园要把教导儿童维护自己以及周围环境的卫生作为一项重要内容。德国有数百个森林幼儿园，即在森林中搭建简易住房，让孩子生活在其中，从小认识大自然，同时了解到自己有保护大自然的责任。在学校里，与环保有关的活动是学生课外活动的重点内容之一，社会也鼓励青少年进行与环保相关的创造。日本环保教育分为学校、家庭、社会三个层面。学校环保教育从小学到高中都有，而且是必修课，教材内容翔实，既有理论又有实践。美国将环保知识融合在各个科目之中。幼儿园孩子学习爱护树木、爱护地球，从小就培养了环保意识。小学时，老师讲简单的自然常识，告诉孩子们保护环境的意义。中学阶段，学校会从物理、化学、生物等角度解释一些环保的原理。

（2）通过多种形式对全体公民进行环境保护教育。美国环保署等机构通过 AirNow 网站，不仅向公众即时发布全美各地空气质量水平的易懂信息，还通过互联网对美国公众进行环境保护教育。进入美国环保署的网站就可以看到一个教育资源的专页。在这个专页中有专门为环保研究人员服务的，也有为学校教师服务的，还有为学生服务的。最有意思的网页要属"环境探索者俱乐部"了，是专门为儿童服务的。德国有一个由政府机构、民间组织和学校组成的庞大环保教育网络，向民众介绍环保知识，向企业推广环保技术，向社会宣传新的环保立法。德国联邦环境部对全国环保意识建设进行总协调，实行"国家环保行动计划"，在全社会推广可持续发展意识的教育。

（3）组织开展各种环保活动。为唤起民众特别是青年学生对环境保护的意识，英国建设寓教于乐的公园，向人们展示当地社区开展的可持续发展活动。如垃圾回收、森林保护和湿地发展；利用废旧物资制成民众喜闻乐见的玩具、雕塑、工艺品；在公园中开辟绿色食品生产地，周末和节假日让民众自己尝试种植农产品，寓教育于休闲和娱乐之中。

（4）普及全民节能意识教育。在英国，人们日常生活中处处可以

体现出节能习惯和节能意识，节能已成为人们的自觉行为。在英国，城市彻夜灯火通明的现象少见，大型公司和政府部门都没有"照明工程"，夜晚漫步在伦敦街头看不到大面积流光溢彩和楼体通明的景观，大多数店铺橱窗的灯光在打烊后就会全部关闭，有些店铺还安装了定时关灯装置，住宅和公寓楼道内大多采用自动断电装置。为了节能，连首相府所在地唐宁街 10 号也换上了节能灯。

二、世界各国雾霾防治经验

（一）美国洛杉矶大气污染治理经验

加利福尼亚州，特别是洛杉矶地区浓缩了美国大气污染治理的历程，形成了一系列可供借鉴的经验。

1. 洛杉矶大气污染治理过程

洛杉矶遭受烟雾侵扰可追溯到第二次世界大战以前。1903 年的一天，厚重的工业粉尘使广大居民误以为发生了日食。第二次世界大战极大地提高了工业发展水平，也带来了空气污染。城市人口以及机动车的数量快速增长。根据气象记录，1939—1943 年，洛杉矶能见度迅速下降。洛杉矶人也越来越感到震惊，烟雾模糊了他们的视野，烟尘侵入了他们的肺部。直至 1943 年，著名的洛杉矶光化学烟雾事件发生了。

1943 年，相关人员在分析洛杉矶雾霾产生的原因时，首先想到的是位于市区的南加州燃气公司生产厂，其生产了一种合成橡胶原料的丁二烯产品。在公众的压力下，该厂被迫临时关闭。即使如此，雾霾并没有减少，反而越发频繁。人们开始意识到，雾霾产生的原因并非那么简单，而要消除雾霾也不是一时之功。随后人们知道雾霾还有许多其他来源，如机车和柴油机车喷出的烟、焚烧炉、城市垃圾场、锯木厂、焚烧垃圾等。1946 年，《洛杉矶时报》聘请空气污染专家分析洛杉矶雾霾问题并提出解决方案。经过分析，专家提出了减少空气污染的 23 个推荐方案，包括禁止焚烧废橡胶等。1952 年，加州理工学院化学家 Arie 首次提出，雾霾形成与汽车尾气以及光化学反应下的气粒转化有着直接关系，并指出臭氧是洛杉矶雾霾的主要成分。他的结论成为大气治污史上具有里程碑意义的研究。

研究结果让洛杉矶市民意识到，自己选择的生活方式造成了目前的污染，心爱的汽车就是污染源。从市到州，一系列级别越来越高的法规制定出来，一系列治理大气污染的措施开始实施。第一次有专人检查炼油和燃料添加过程中的渗漏和汽化现象；第一次建立了汽车废气标准；第一次对车辆排气设备作出规定，等等。洛杉矶与雾霾战斗的道路是漫长的。加利福尼亚州政府对汽车装备标准的规定遭到了汽车制造商的抵制，而限制汽油中的烯烃最高含量和提倡开发天然气等新型燃料又遭到了石油大亨们的反对。人们开始意识到，面对跨国产业巨头，应当寻求联邦政府层面的立法支持。

20 世纪 60 年代末，随着美国民权和反战运动的高涨，越来越多的人开始关注环境问题。1970 年 4 月 22 日，2 000 万名民众在全美各地举行了声势浩大的游行活动，呼吁保护环境。民众的努力促成了 1970 年联邦《清洁空气法》的出台。这又是一个重要的里程碑，标志着全国范围内污染标准的制定成为可能。这次环保大游行是世界上最早的大规模群众性环境保护运动，除推动了美国《清洁空气法》的颁布，还催生了 1972 年联合国第一次人类环境会议。2009 年，第 63 届联合国大会决议将每年的 4 月 22 日定为"世界地球日"。

经过几十年的治理，20 世纪 80 年代末，洛杉矶治理雾霾的成果开始逐步显现出来，洛杉矶的空气质量有了明显的改善，除臭氧、短时可吸入颗粒物 $PM_{2.5}$ 和全年可吸入颗粒物的污染指标未能达到联邦空气质量标准外，其他污染物指标均达到联邦标准。

2. 洛杉矶大气污染治理措施

（1）成立专门的空气质量管理机构，实现联防联控。1946 年，洛杉矶市成立了全美第一个地方空气质量管理部门——烟雾控制局，并制定了全美第一个工业污染气体排放标准和许可证制度。1947 年，尽管遭到石油公司和商会的竭力反对，洛杉矶空气污染控制区的成立，成为全美首个负责空气污染控制的管区。在随后的 10 年里，加利福尼亚州南部橙县、河滨县和圣伯纳蒂诺县也先后成立了相同的组织。1967 年，加利福尼亚州空气资源委员会（CARB）成立，并制定了全美第一个关于总悬浮颗粒物、光化学氧化剂、二氧化硫、二氧化氮和其他污染物的空气质量标准。1977 年，为了实现跨地区合作应对空气污染，合理分摊治污费用，由洛杉矶县、橙县、河滨县和圣伯纳蒂诺县的部分地区联合成了立南海岸空气质量管理局（SCAQMD），对区内企业和固定污染源的污染物排放进行统一监管。

（2）通过立法为空气污染防治提供法律保障。洛杉矶空气污染防治的法律框架包括联邦、州、地区（南海岸空气质量管理局）和地方政府四个不同的层次。在联邦政府层面，美国环境保护署负责制定全国性的空气保护法规。1970 年联邦政府通过的《清洁空气法》是从 1955 年的《空气污染控制法》、1963 年的《清洁空气法》、1967 年的《空气质量控制法》发展而来的，1977 年、1990 年又分别对其进行了修正。《清洁空气法》是一项全国性的立法，具有广泛的约束效力。

在州政府层面，1988 年，加利福尼亚州通过了《加州洁净空气法》，对未来 20 年加利福尼亚州的空气质量进行了全面规划。加利福尼亚州空气资源局负责制定路面和非路面移动污染源的排放标准、汽车燃料标准，以及消费产品管制规定，同时负责根据联邦《清洁空气法》制订州政府的空气质量实施计划。《加州洁净空气法》较联邦政府的《清洁空气法》更严格，因此《加州洁净空气法》成为州政府监管空气质量标准的主要依据。

在地区管理层面，洛杉矶所在的南海岸空气质量管理局负责监管固定污染源、间接污染源和部分移动污染源（如火车和船只的可见排放物）的污染物排放，同时负责制定区域空气质量管理规划和政策。在地方政府层面，由南加州政府协会（SCAG）负责区域交通规划研究，进行区域经济和人口预测，协调各城市之间的合作和协助地方执行减排政策。

（3）引入市场机制。20 世纪 70 年代开始，各国治理空气污染借鉴了水污染治理的排污许可证制度，对排污企业进行管制。加州实行比美国联邦更加严格的标准，如美国联邦将排污 100 吨以上的企业认定为主要污染源，而加利福尼亚州明确排污 10 吨以上就按主要污染源予以监控。南海岸空气质量管理局推出了空气污染排放交易机制（RE-CLAIM）。纳入交易机制的有 300 多家工厂，由南海岸空气质量管理局对其排污情况进行在线实时监测，其排放额度分配依据以前的估算量得出，并且每年递减，从而强制排污企业减少空气污染。排放指标在芝加哥期货市场公开挂牌交易，现在每年的交易额约 10 亿美元。

（4）加强空气污染治理先进技术研发。加利福尼亚州在开发先进技术治理空气污染方面一直居领先地位。1953 年，加利福尼亚州空气污染控制改革委员会推广涉及空气污染控制技术，包括减少碳氢化合物的排放量、创建汽车尾气排放标准、柴油卡车和公交车使用丙烷作为燃料、放缓增长重污染工业、禁止垃圾露天焚烧、发展快速公交系统等。加利福尼亚州还成立机动车污染控制局，负责测试汽车尾气排放量并核准排放控制装置。20 世纪 60 年代，在全美率先实行减少汽车尾气排放量的措施。1975 年，要求所有汽车配备催化转换器。七八十年代，鼓励使用甲醇和天然气取代汽油。1988 年，加利福尼亚州空气质量管理局成立技术进步办公室，以帮助私营企业加快发展低排放或零排放技术。这些先进技术包括燃料电池、电动汽车、零 VOC 涂料和溶剂、遥感、可用替代燃料的重型车辆和机车。此外，加利福尼亚州在监测空气污染方面领跑全美。1970 年，在全美率先监测 PM_{10}；1980 年，监测废气中的铅和二氧化硫；1984 年，监测 $PM_{2.5}$；1990 年，分析 $PM_{2.5}$ 的化学成分。

3. 洛杉矶大气污染治理经验

（1）制定严格的空气质量标准和污染治理政策。加利福尼亚州的空气质量标准比联邦政府严格。联邦政府授权州和地区空气质量管理机构通过严格的法规和政策治理空气污染。这些主要法规和政策包括制定严格的污染源排放标准、制定清洁能源政策，以及进行严格的空气质量监管和鼓励使用天然气、可再生能源等。这些类似于计划经济手段的"指令及管控"治理政策，加上市场导向的政策配合，在洛杉矶空气污染治理中发挥了良好的作用。

（2）建立跨区域治理权威机构。由于空气污染是跨界的，受地理环境、上下游关系的影响，一座城市无法独立做好空气污染治理，必须打破行政区域限制。加利福尼亚州建立跨区域的空气质量管理机构，并赋予强有力的行政执法和监管权力，极大地加强了监管机构的权威。

（3）重视科学和技术研究。20 世纪 40 年代初洛杉矶发生光化学烟雾污染时，各界人士都茫然不知所措，经过大约 10 年的摸索，由加州理工学院研究人员率先发现机动车与工业尾气的光化学反应产物是污染的来源，为控制污染指明了方向，之后的控制都围绕这个科学结论展开。20世纪50年代后，政府应对污染的一个重要措施就是对污染进行科学研究以及有针对性地成立相关机构进行高水平的科技攻关。如1968年成立的加州空气资源局（CARB），几十年来，加州空气资源局引领与左右了美国空气污染的科研水平、控制技术、标准制定、法规条例等进程。

（4）加强宣传，获得强有力的民意支持。公众强烈要求有一个清洁的环境是洛杉矶空气质量持续改善的推动力。美国《清洁空气法》的出台是公众努力的结果。公众通过法律诉讼和其他行动向政府施加压力，迫使未尽全力的政府机构正视空气问题。目前在美国，公众可以全面参与和监督空气质量标准的制定和实施，如公民可以对$PM_{2.5}$的标准监控程序进行监督，根据公布的全年监测统计和日常监测数据，参与所在州的环保机构举行的公共听证会。

（5）加快产业结构调整。洛杉矶的传统制造业已基本转移到了发展中国家，从而大大减少了污染物排放。近年来，新兴产业发展迅猛，如电子、通信、软件、生物技术、互联网和多媒体产业兴起，逐步替代了传统机械制造、能源和化工产品的生产，大大减少了污染物的排放量。

（6）鼓励清洁能源和可再生能源的开发和利用。洛杉矶地区要求使用天然气替代石油或燃煤发电；鼓励使用风能、太阳能等可再生新能源；加强可再生能源和提高能源使用效率研发；制定减少温室气体和臭氧排放政策；提高建筑节能标准；为购买新能源汽车和安装太阳能设备的家庭提供财政补贴。

（7）大力发展公共交通，减少汽车用量。洛杉矶地区大力提倡公共交通，扩建区内轻轨系统和洛杉矶市地铁系统；在高速公路上设立两人以上车辆专用通道，并允许单人驾驶新能源汽车使用专用通道；在市区增设自行车车道。

（8）做好城市规划，提倡居家节能。增加主要交通干道、轻轨和地铁沿线的住宅密度，控制郊区的无限制性扩展；鼓励民众在工作地点附近购房，缩短上下班的距离；大力发展节能住房，修建更加密闭的屋顶和窗户；更新家用供暖系统，提倡使用节能灯，支持节能家电的销售。

（二）英国伦敦大气污染治理经验

英国是世界上最早实现工业化的国家，伦敦是世界上最早出现雾霾问题的城市之一。从19世纪初到20世纪中期，伦敦在冬季发生过多起空气污染案例，其中在20世纪50年代震惊世界的"伦敦烟雾事件"让伦敦的"雾都"之名举世皆知。现在伦敦已经抛掉了"雾都"的别名，并成为全球的生态之城，其治理污染的许多经验都值得借鉴。

1. 伦敦大气污染治理历程

1952年的严重烟雾事件，促使英国人开始深刻反思，英国政府开始"重点治霾"，并取得了显著成效。伦敦的烟雾治理从1953年开始，大致经历了以下四个阶段。

第一阶段为初步治理阶段（1953—1960年）。英国政府于1953年成立了由比佛领导的比佛委员会，专门调查烟雾事件的成因并制订应对方案。1956年出台《清洁空气法》，同时成立清洁空气委员会。具体的管理措施包括由地方政府负责划定烟尘控制区、改造家用壁炉、更换燃料、禁止黑烟排放等。1960年，伦敦的二氧化硫和黑烟浓度分别下降20.9%、43.6%，取得了初步成效。

第二阶段为取得显著成效阶段（1961—1980年）。1968年，英国政府对《清洁空气法》进行了修订和扩充，赋予了负责控制大气污染的地方政府更多权限。1974年，颁布《污染控制法》，规定了机动车燃料的组成，并限制了油品（用于机动车或壁炉）中硫的含量。这一阶段最核心的措施是大幅度扩大了烟尘控制区的范围。到1976年，烟尘控制区的覆盖率在大伦敦地区已达到90%，伦敦空气中二氧化硫和黑烟的浓度大幅下降。到1975年，雾霾天数已经从每年几十天减少到15天，1980年降至5天。

第三阶段为平稳改善阶段（1981—2000年）。大气污染治理的重点从控制燃煤开始逐步转向机动车污染控制。政府陆续出台或修订了一系列法案，如《汽车燃料法》（1981年）、《空气质量标准》（1989年）、《道路车辆监管法》（1991年）、《清洁空气法》（1993年）、《国家空气质量战略》（1997年）、《大伦敦政府法案》（1999年）等，使伦敦大气污染治理的法律法规更加完善。

第四阶段为低碳发展阶段（2001 年至今）。此时二氧化硫和黑烟都不再是伦敦的主要污染物。2002 年，伦敦市长经过广泛咨询后发布了伦敦的空气质量战略。2003 年，能源白皮书《我们能源的未来：创建低碳经济》中首次正式提出"低碳经济"概念，提出将于 2050 年建成低碳社会。此后，《国家空气质量战略》于 2006 年、2010 年进行了两次修订。目前，伦敦空气质量控制的重点是机动车污染控制，主要污染物是二氧化碳和 PM_{10}。低层空气中烟的污染有 93% 得到控制，酸雨的危害已基本消除。

2. 伦敦大气污染治理措施

（1）建立和完善法律法规。1956 年，在著名的《比佛报告》的推动下，英国颁布了世界上首部空气污染防治法案——《清洁空气法案》。在此基础上，20 世纪 60 年代以后不断完善，又相继出台了《污染控制法》《汽车燃料法》《空气质量标准》《道路车辆监管法》《大伦敦政府法案》和《气候变化法案》等一系列空气污染防控法案，对废气排放进行严格约束，明确严格的处罚措施，以控制伦敦的大气污染。

（2）制定国家空气质量战略。从 1995 年起，英国制定了国家空气质量战略，规定各个城市都要进行空气质量的评价与回顾，对达不到标准的地区，政府必须划出空气质量管理区域，并强制其在规定期限内达标。随后，英国提出《能效：政府行动计划》（2004 年）、《气候变化行动计划》（2005 年）、《英国可持续发展战略》（2005 年）、《低碳建筑计划》（2006 年）、《退税与补贴计划》（2007 年）、《英国能效行动计划》（2007 年）、《国家可再生能源计划》（2008 年）和《低碳转型计划》（2009 年）等一系列计划与政策。尤其是《低碳转型计划》描绘了英国政府发展低碳经济的国家战略蓝图。

（3）加大财政投入。2009 年英国政府拨款 32 亿英镑用于住房节能改造，对那些主动在房屋中安装清洁能源设备的家庭进行补偿。2009 年 4 月，布朗政府宣布将"碳预算"纳入政府预算框架，使之应用于经济社会各方面，并在与低碳经济相关的产业上追加了 104 亿英镑的投资，英国也因此成为世界上第一个公布"碳预算"的国家。"碳基金"是由英国政府利用每年大约有 6 600 万英镑的气候变化税作为投资、按企业模式运作的商业化基金。"碳基金"的运作，有力地促进了英国商业和公共部门减排二氧化碳，加大投资可再生能源等低碳技术。2008年，英国政府启动"环境改善基金"，将政府对低碳能源和高能效技术示范和部署的支持，以及对能源与环境相关的国际化发展结合起来，提供相应的基金资助。为了在绿色运输和能源项目中加大投资，2010年3月英国设立10亿英镑绿色能源基金，改造运输体系，使用清洁燃料，提升低碳能源（如风能、海洋波浪能和太阳能）的利用率。

（4）加强利用清洁能源等技术，大力发展低碳经济。伦敦烟雾事件发生时，伦敦的烟尘最高浓度达每立方米4 460微克，二氧化硫日平均浓度达到每立方米3 830微克。20世纪50年代，伦敦的有关部门通过对大气污染源进行分析，发现污染物主要来自工业和家庭燃煤，因此，除了划定"烟尘控制区"，区内的城镇只准烧无烟燃料外，还决定增加清洁能源的比例，推广使用无烟煤、电和天然气，减少烟尘污染和二氧化硫的排放。

到1980年，煤炭仅限于远郊区工厂使用。煤炭占总能源消耗的比例从1948年的90%下降到了1998年的17%，天然气的占比从0上升到36%。2003年，英国首次正式提出"低碳经济"概念，将于2050年建成低碳社会。2009年英国政府公布发展低碳经济的国家战略蓝图，到2020年可再生能源在能源供应中要占到15%，其中40%的电力来自低碳领域（30%来源于风能、波浪能和潮汐能等可再生能源，10%来自核能）。

（5）平衡发展资源，疏散人口和工业企业。20世纪40年代末伦敦建成8座新城，60年代末在城市以北和西北地区又兴建了3座新城（它们距伦敦市中心的距离从80公里到133公里不等）。这些新城的建设为人口和工业外迁提供了有利条件。在此基础上，伦敦政府利用税收等经济政策鼓励市区企业迁移到这些人口较少的新城发展，各新城对吸引工业企业落户也采取了积极的措施，许多工厂纷纷外迁。自1967年起，伦敦市区工业用地开始减少，至1974年市区共迁出24万个劳动岗位，之后又迁出42万个。与此同时，新城企业由原来的823家增加到2 558家；新城的人口总数由原来的45万增至136.7万（包括其他地区迁入的人口）。

（6）加强对机动车尾气排放的综合治理。20世纪80年代初，伦敦的机动车保有量已达 244 万辆，道路交通阻塞日趋严重，机动车尾气成为大气污染的主要来源。面对这一严峻局势，伦敦市政府采取综合措施进行治理，实行向公共交通、步行、骑自行车等节油、无污染的出行方式转变的交通发展战略。设立公交专用道，设立 1 000 英里（约 1 609.3 千米）长的自行车线路，设立林荫步道，投资发展新型节能、无污染的公交车辆，扩大交通限制的范围，提高停车费用，征收"拥堵费"以加强汽车制造业的技术改造。伦敦市政府公布的"2025 长远交通规划"计划在 20 年内，减少私家车流量 9%，每天进入塞车收费区域的车辆数目减少超过 6 万辆，废气排放降低 12%。同时，还计划 2015 年前建立 2.5 万套电动车充电装置。

（7）加强城市绿化建设。伦敦市在城市外围建有大型环形绿化带，至 20 世纪 80 年代该绿化带的面积达 4 434 平方公里，与城市面积（1 580 平方公里）之比达到 2.8∶1。远期绿化带规划面积可达 5 791 平方公里，与城市面积之比可达 3.67∶1。

绿化带的建设在置换城市空气、保持生态平衡、改善城市环境、控制城市向外扩展等方面发挥了重要作用。在园林绿化方面，重视生态园林，倡导建设"花园城市"的理念，目前伦敦城市中心区有 1/3 的面积被花园、公共绿地和森林覆盖。

（8）加强信息公开，鼓励市民积极参与。英国是最早将空气治理信息向民众实时通报的国家。官方网络向市民发布伦敦地区实时空气质量数据以及各污染物每小时的浓度和一周趋势图。公民在环境问题的讨论、决策、监督、执行上均有参与权。公民获知空气信息的途径不被官方独家垄断。政府开设的"英国空气质量档案"网站、民间组织与伦敦国王学院环保组织合作开设的"伦敦空气质量网络"均会发布伦敦地区实时空气质量数据。伦敦在治理大气污染方面重视科研力量的参与，许多全国性的研究机构、大学、工厂都广泛参与科研工作。

3. 伦敦大气污染治理经验

从工业革命的先驱到生态文明的领跑者，英国为世界其他国家的工业化、城市化进程提供了借鉴。概括起来，伦敦大气污染治理经验主要有以下五个方面。

（1）通过法律法规为环境治理保驾护航。作为世界两大法系之一英美法系的重要代表国家，英国在治理城市环境方面的法律体系建设值得大书特书。1956 年，英国政府颁布的《清洁空气法案》是世界上首部空气污染防治法案。依据该法案，伦敦开始大规模改造城市居民的传统炉灶，减少煤炭用量；在城市中设立无烟区，区内禁止使用可产生烟雾的燃料；冬季采取集中供暖，推广电力和天然气的使用，将重工业和发电厂等煤烟污染源迁出市区。1968 年，英国政府颁布法案，要求工业企业建造高大的烟囱，以加强疏散大气污染物。1974 年，政府出台《控制公害法》，设置了囊括空气、土地以及水源等多领域的保护条款，并规定工业燃料的含硫上限。从 20 世纪 80 年代开始，汽车取代燃煤成为伦敦空气的主要污染源，针对汽车交通的一系列法律法规也逐步推出。这些法律法规为有效地防控和治理大气污染提供了可靠的保障。

（2）加强科学规划，强调制度引领。英国重视大气污染治理的战略规划，从 1995 年起，国家制订了一系列防治大气污染的行动计划，尤其是 2009 年的《低碳转型计划》，描绘了发展低碳经济的国家战略蓝图。区域大气污染防治规划是区域总体规划的重要组成部分，是从协调经济发展和保护环境之间的关系出发的防治大气环境污染的行动纲领。制订科学的区域大气污染防治规划，采取区域性综合防治措施，为有效地控制大气环境污染指明了方向。同时，通过制订控制大气污染的科学计划、战略性新兴产业发展计划等，把大气的综合治理与利用转变为新兴产业，彻底消除隐患，大力促进了生态文明建设。

（3）绿色产业随行。城市的繁荣离不开产业发展。而传统意义的产业发展往往伴随着能源消耗的加剧，污染似乎不可避免。在几十年的发展中，为了避免城市空气污染的恶化，伦敦选择了一条绿色产业之路。英国是最早提出"低碳"概念并积极倡导低碳经济的国家，政府以科技进步推动经济发展的思路十分明确，近年来无论科技政策的制定还是产业发展战略的规划，都紧紧围绕这一思路展开。按照英国政府的计划，到 2020 年，可再生能源在能源供应中要占 15%，40% 的电力将来自绿色能源。如今，英国已经是全球近海风能开发利用最充分的国家，其对太阳能的推广利用也正在全面展开。

（4）环保理念驱动。无论相关法律法规和规划计划的制订，还是产业方向的选择，伦敦治理城市空气污染行为的背后，反映出的是英国人在饱受环境之殇后不断强化的环境意识。政府鼓励环保，人人做好环保，环保理念的普及和发扬是保证伦敦摘掉"雾都"别名的深层次原因。英国是最早关注气候变化问题的国家之一，2007年颁布的《气候变化行动纲要》，设定了以1990年为基准，到2025年要实现60%的减碳目标。在此大框架下，政府制定各项政策时都考虑到减少碳排放的问题。此外，鼓励民众合理利用能源，节约使用资源。环保理念在政府和民众的配合下不断在全社会宣扬和渗透。

（5）科学技术支撑。在伦敦空气污染治理的过程中，科学技术发挥了关键的作用。英国政府鼓励企业采用大气污染控制技术改革生产工艺，优先采用无污染或少污染的工艺。政府要求企业严格生产操作，选配合适的原材料，有利于减轻污染或对所产生污染物进行处理。安装废气净化装置，对污染源进行治理，使大气环境质量达到标准。除通过攻关关键技术实现治污目标和产业升级外，科学研究和科学技术在为国家宏观决策方面提供了可靠的依据。英国前首相布莱尔在回顾伦敦治理大气污染过程时深有体会地说："拯救环境还要依靠科学技术。"

（三）东京大气污染治理经验

第二次世界大战后，东京经济进入了高速增长期。生产大规模扩张，所造成的工业污染使东京城市上空的烟雾增多，空气质量急剧恶化。与此同时，随着汽车的迅速普及，氮氧化物和碳氢化合物等污染物的排放量日趋增长，严重影响了东京的空气质量，引发了多起光化学烟雾事件。面对日益严峻的大气污染问题，东京地方政府采取了多种行之有效的政策措施和技术手段持之以恒治理大气污染，终于使东京成为世界上最清洁的大都市之一和世界上能源利用率较高的城市。

1. 东京大气污染治理历程

东京大气污染治理历程大体分为以下四个阶段。

第一阶段为工业公害防治。1949年东京出台《工厂公害防治条例》，成为日本最早开始对公害问题采取对策的城市。该条例以工厂的设备及操作所产生的粉尘、有毒有害气体和蒸汽等为限制对象，规定新建工厂、设备改造和新增设备等的申报手续，并对容易产生大气污染的工厂实施责令改进设备、停止使用或限制作业时间等措施。到20世纪60年代，工业废气排放导致严重的光化学烟雾现象。1969年，东京在实施《烟尘限制法》《公害对策基本法》《大气污染防治法》等国家环境立法的基础上，颁布了《东京都公害控制条例》，严格执行有关控制规定，使二氧化硫等污染物排放从浓度控制转向排放总量控制。1970年，东京都成立公害局，负责东京防治工业公害工作。

第二阶段为由防止公害到环境保护，由"末端治理"向"重在预防"转变。从20世纪80年代开始，东京进入环境保护与经济发展并重时期。针对工业公害和机动车尾气排放造成的大气污染问题，开始采取更为综合的环境政策，将政策的中心从对工业公害的防治，逐渐转移到积极进行污染控制和环境保护。1978年制定和实施了严格的汽车尾气排放标准。1980年，将原东京都公害局改为环境保护局，颁布实施了《东京都环境影响评价条例》，强化建设项目的环境准入管理，使环境保护由"末端治理"向"重在预防"转变。1987年出台了更为综合全面的《东京都环境管理规划》。

第三阶段为从经济与环境兼顾转为可持续发展优先，由"被动治污"向"主动治污"转变。进入20世纪90年代，随着《减少汽车氮氧化物总排放量的特殊措施法》《环境基本法》等国家环境立法和《东京都环境基本条例》的颁布实施，《东京绿地规划》等专项环境规划相继制订。在大气污染控制政策的推动下，企业越来越重视开发环境模拟和协调技术，将环境保护手段纳入产品设计和生产的最初环节，实现了由"被动治污"向"主动治污"转变。

第四阶段为推动环境革命，建设"低能耗、二氧化碳低排放型城市"。进入21世纪，东京都政府提出"以保护市民健康安全为基本出发点，推动环境革命，促进环境优先型和事前预防为主的环境政策的实施"。鉴于汽车尾气已成为最主要的大气污染源，东京一方面限制车辆，另一方面积极发展节能环保汽车，同时逐年加大对公共交通的投入。为减少温室气体的排放，改善大气环境，2002年，东京制订了《新东京都环境基本计划》。2006年，颁布《东京都新战略进程》计划，提出了防止地球变暖的相应对策。2007年颁布并实施《东京都大气变化对策方针》，率先提出减少二氧化碳气体排放的实施策略，计划到2020年之前，温室气体的排放量要比2000年降低25％，力争将东京建成21世纪新兴典范城市。

2. 东京大气污染治理措施

（1）严格控制工业企业污染。东京都政府从 1958 年开始制订东京圈基本规划，对产业结构的调整方向、各产业的发展战略、主导产业和支柱产业的选择、产业地区布局等作出了详细规定。从 20 世纪 60 年代起，将许多制造企业纷纷迁到横滨一带甚至国外。通过关闭或外迁重污染企业，促进产业结构转型，工业企业污染得到了有效控制。随着日本经济从"贸易立国"逐步向"技术立国"转换，东京"城市型"工业结构进一步调整，以新产品的试制开发、研究为重点，重点发展知识密集型的"高精尖新"工业，并将"批量生产型工厂"改造成为"新产品研究开发型工厂"，使工业逐步向服务业延伸，实现产业融合，形成东京现代服务业集群。此外，还采取鼓励企业采用清洁生产工艺和技术，减少或消除废弃物的排放；应用生态学和循环经济的理念和方法构建循环经济体系；尝试和创造适用于工业、农业和服务业的先进企业环境管理科学和管理技术等具体措施。

（2）加速治理汽车尾气污染。首先是大力发展轨道交通和公共交通。目前东京轨道交通承担了城市交通客运的 86.5%，远远高于世界其他大城市。其次是开发和普及新技术，减少汽车污染。推广使用以液化石油气和天然气为燃料的汽车，以压缩天然气为燃料的汽车、电力汽车，以及废气排放标准远远低于国家标准的新式柴油汽车。推动汽车废气净化器等技术的研发。最后是开发新型燃料技术，实现轻油低硫黄化和柴油汽车低公害化。降低轻油和汽油中的硫黄浓度，为普及新型环保汽车以及在临海副中心建设氢燃料供应站；启动燃料电池汽车试运行项目，争取混合动力汽车的大量普及，制定《低油耗汽车利用章程》。

（3）大力减少温室气体的排放。为减少电量消耗，对家用电器颁布使用"节能标签"制度，自 2006 年 10 月开始执行。利用天然的光、热、风建造舒适住宅，提高住宅的节能性，同时对现有住宅进行节能改造，合理利用能源改良取暖方式，促进节能减排。敦促太阳能机器厂家、住宅建筑公司、能源供应等单位联合组建机构，明确规定性能标准，开发新产品，提高人们对环保商品的认知，促进太阳能的广泛利用。同时，积极推介、普及能够大幅度减少二氧化碳排放的工业产品。

3. 东京大气污染治理经验

（1）不断完善大气污染控制政策，实现由被动治理向主动治理转变。东京大气污染治理过程是一个由被动治理向主动治理转变的过程。开始是工业公害防治，后来由工业公害防治发展到注重环境保护，实现由"末端治理"向"重在预防"的转变，再后来从经济与环境兼顾转为可持续发展优先，实现了由"被动治污"向"主动治污"的转变，乃至到目前发展为推动环境革命，建设"低能耗、二氧化碳低排放型城市"阶段。这一系列的转变都是通过不断完善大气污染控制政策实现的。正是通过制定和完善一系列大气环境控制政策，东京的大气环境才有根本性好转，成为日本其他城市治理大气污染的典范，同时推动了日本国家环境政策的制定。

（2）建立健全公众参与的环境管理机制，营造重视环境保护的社会氛围。公众的积极参与和意见表达是治理大气污染、实现可持续发展的重要保障。东京公众参与的环境管理机制，起源于一种自下而上的反公害运动，后来逐步发展为一种自上而下与自下而上方式紧密结合、相互推动的环境管理运作机制。东京都政府对污染采取措施是由于污染造成了社会压力，而不仅因污染程度严重。经过反公害运动后，政府、企业和公民在环保目标上达成一致，东京都形成了一个高效、负责的新三元结构环境管理体系。政府通过环境审议会与社会各界人士、企业协商制定政策，由企业具体实施并进行自我管理，由公众积极参与并进行社会监督。

公众参与的方式与机制有三种。一是预案参与。东京都政府通过设立审议机构、健全听证会制度、依据民意调查制定政策等措施，使市民在环境法律法规、政策、计划等制订的过程中及重大环境治理行动之前发表自己的见解，参与决策过程和结果。二是过程参与。通过媒体、社会活动、环境纠纷处理和市民选举等方式，实现对政府和企业的监督。三是行为参与。市民"从我做起"，采取自我行动参与环保事业。为减少汽车污染，东京市民出行大多自觉乘坐公共交通工具，而将私家汽车作为一种休闲娱乐工具，仅在前往偏远地区办事或外出旅游时才会使用。政府采取多种措施和手段鼓励公众参与。

（3）加强对环境技术的研究、开发和应用，为治理大气污染提供基础保障。源头治理与末端环保技术相结合是标本兼治的有效手段。东京都的源头治理主要包括产业结构从资源密集型向技术和知识密集型升级，能源结构从高硫燃料向低硫和脱硫化转变。最根本的是改变人们高生产、高消费、高废弃物的生活方式，将最新的节能技术运用到社会生产生活的各个层面，推广普及可重复利用能源，将城市的一切运行模式都转换到"二氧化碳低排放型"上来。不论是在 20 世纪 80 年代以前重点解决工业企业污染问题，还是后来治理汽车尾气污染方面和减少温室气体排放方面，都把加强对环境技术的研究、开发和应用作为治理大气污染的基础保障。

（4）加强城市绿化建设，建立治理大气污染的长效机制。东京都政府将城市绿化建设视为控制城市大气污染的既经济又有效的措施之一，制订了一系列条例和计划。如《城市规划法》规定，从东京市内的任何一点向东西南北方向延伸 250 米的范围内，必须见到公园，否则就属于违法，将会受到严厉的处罚。近几年，随着城市建设的快速发展，在拥挤的城市中心区域开发新的空地来建造绿地以防止扬尘，已经变得越来越困难。面对这种情况，东京都政府大力鼓励和支持屋顶绿化，兴建屋顶花园和墙上"草坪"。许多业主在设计大楼时都考虑在屋顶修建花园。高楼层上的餐厅、饭馆，都在凉台上修建微型庭院。为普及屋顶绿化，政府出台了补助金等一系列优惠政策。建筑管理部门规定，在新建大型建筑设施时必须有一定比率的绿化面积，屋顶花园可以作为绿化面积使用，并提出到 2015 年，东京屋顶绿化面积要达到 1 200 公顷。

（四）德国鲁尔工业区大气污染治理经验

鲁尔工业区位于德国西部、莱茵河下游支流鲁尔河与利珀河之间，在北莱茵——威斯特法伦州境内。鲁尔区有着丰富的煤炭资源，机械制造业、氮肥工业、建材工业等许多重型工厂分布在河谷两岸。区内人口和城市密集，人口数量达 570 万，工厂、住宅和稠密的交通网交织在一起，形成连片的城市带。鲁尔工业区在战后西德经济恢复和迅速发展的过程中发挥过重大作用，工业产值一度占全国的 40%。到 20 世纪 50 年代，鲁尔区已成为当时德国乃至世界重要的工业中心。鲁尔工业区的雾霾问题从 20 世纪 60 年代开始出现，经过不懈努力，到 20 世纪 90 年代初成功治理。

1. 鲁尔工业区大气污染治理历程

德国鲁尔工业区雾霾发生的主要原因是燃煤造成的大气污染和

"逆温"天气。1961 年，鲁尔工业区共有 93 座发电厂和 82 个炼钢高炉，每年排放 150 万吨烟灰和 400 万吨二氧化硫，这些大气污染物在空气中悬浮，并因为高空气温比低空气温更高的逆温现象的出现，使大气层低空的空气垂直运动受到限制，难以向高空飘散而被阻滞在低空和近地面，从而形成了雾霾。1962 年 12 月，鲁尔工业区部分地区空气中二氧化硫浓度高达每立方米 5 000 微克，当地居民呼吸道疾病、心脏疾病和癌症等发病率明显上升，雾霾导致 156 人死亡。1979 年 1 月 17 日上午，联邦德国广播二台突然中断了正在播出的节目，分别用德语、土耳其语、西班牙语、希腊语和南斯拉夫语紧急通知鲁尔工业区西部地区民众空气中二氧化硫含量严重超标，德国历史上首次雾霾一级警报就此拉响。1985 年 1 月 18 日，雾霾再次笼罩鲁尔工业区，空气中二氧化硫浓度超过每立方米 1 800 微克，这次拉响了最为严重的雾霾三级警报。空气中弥漫着刺鼻的煤烟味，能见度极低。这次雾霾致使 24 000 人死亡，19 500 人患病住院。

德国从 19 世纪的工业化开始，一直到 20 世纪 60 年代的 100 多年间，废气排放几乎不加任何控制。1952 年的伦敦烟雾事件也未引起德国政府的重视，因为当时的德国正处于战后恢复期，发展经济是第一要务。1961 年，勃兰特在竞选总理时提出了"还鲁尔一片蓝天"的治污纲领，从此德国在治理空气污染方面的努力一直没有停止。

1964 年鲁尔工业区所在的北威州政府颁布《雾霾法令》，但迫于经济利益和保障就业的压力，污染限值设定较宽。当时采取的"环保措施"是"高烟囱"政策，即把烟囱加高到 300 米，降低低层大气中的污染物浓度。此举虽然有效降低了鲁尔工业区大气污染的数据，但带来了更严重的后果，半个欧洲为此遭受酸雨之苦，导致农作物减产、鱼类死亡，危及饮用水安全。1971 年，大气污染治理首次被纳入联邦德国的政府环保计划。1974 年，德国第一部联邦污染防治法正式生效，对二氧化硫、硫化氢和二氧化氮有了更严格的污染限值。此后，1979 年、1999 年分别签署了《关于远距离跨境大气污染的日内瓦条约》和《哥德堡议定书》。

长期有效的治理工作使鲁尔工业区的雾霾治理取得了巨大成效。据鲁尔工业区所在的北威州环境部门统计，1964 年，莱茵和鲁尔工业区空气中二氧化硫的浓度约为每立方米 206 微克，而在 2007 年下降到了每立方米 8 微克，降幅达 96%。空气中悬浮颗粒物浓度在 1968—2002 年也明显下降，2012 年鲁尔工业区所有空气质量测量站中 $PM_{2.5}$ 年均含量最高只有每立方米 21 微克。从整个德国的情况看，自 1985 年以来，空气中可吸入颗粒物逐步减少，自 1991 年柏林出现最后一次"雾霾"事件后至今，德国再也没有拉响"雾霾警报"。这是德国各方雾霾治理措施更加严格和完善，以及前期持续的治理行动取得的结果。回顾德国和鲁尔工业区雾霾治理之路，德国人为保护环境付出了沉痛代价，但最终坚持了下来，如今环保理念已深入人心。

2. 鲁尔工业区大气污染治理措施

（1）持续出台和实施相关法律法规和标准。德国在制定空气净化法律法规方面有三个里程碑。首先是 1974 年的《联邦污染防治法》。1962 年鲁尔工业区发生雾霾灾害之后，德国各州纷纷出台雾霾管制条例，规定出现雾霾天气时，政府可要求企业停产、车辆停驶。1974 年，德国出台《联邦污染防治法》，针对大型工业企业进行法律约束，为其制定更严格的排放标准。该法律经过多次修改和补充，成为德国防治大气污染的最重要的法律之一。其次是 1979 年的《关于远距离跨境大气污染的日内瓦条约》。此条约强调各国通过科技合作与政策协调来控制污染物排放。此后每隔几年，在这一公约的基础上都衍生出了新的关于控制大气污染的协议条款。最后是 1999 年的《哥德堡议定书》。1999 年，欧洲国家以及美国、加拿大共同签署《哥德堡议定书》，为硫、氧化氮、挥发性有机化合物和氨等主要污染物设定相关的排放上限。根据该协议，到 2010 年，德国要完成二氧化硫排放减少 90%、氮氧化物排放减少 60% 等目标。目前德国及各地区已出台 8 000 多部环境保护法规，其中相当一部分涉及雾霾和大气污染治理。根据法律规定，一旦企业造成空气质量问题，公民有权要求相关机构对企业进行调查，要求其根据法律更新完善装置。如果问题仍旧没得到解决，相关机构有权让企业停业。

（2）大力发展高新技术产业和现代服务业等绿色低碳产业。鲁尔工业区兴起于 19 世纪中叶，在很长一段时间内一直依赖煤炭、钢铁、化学、机械制造等重化工业发展，偏重的产业结构带来了雾霾等严重的大气污染。20世纪60年代，鲁尔工业区开始调整产业结构与布局，发展第三产业并开展生态环境综合整治。开始采取的主要措施有制订调整产业结构的指导方案，通过提供优惠政策和财政补贴对传统产业进行清理改造，投入大量资金改善当地的交通基础设施，兴建和扩建高校和科研机构，集中整治土地，为此北威州政府1968年制订了第一个产业结构调整方案——"鲁尔发展纲要"。20世纪70年代，鲁尔工业区在改善基础设施和推动矿冶工业现代化的同时，加大开放力度，制定特殊政策吸引外来资金和技术，逐步发展新兴产业。自20世纪80年代以来，德国联邦和各级地方政府充分发挥鲁尔工业区内不同城市的优势，因地制宜形成各具特色的优势行业，实现产业结构的多样化。发展新兴产业需要强有力的科研基础支持，为此鲁尔工业区积极发展科研机构，除了专门的科研机构外，每个大学都设有"技术转化中心"（鲁尔工业区已发展成为欧洲大学密度最大的工业区），形成了一个从技术研发到市场应用的体系。同时，政府鼓励企业之间以及企业与研究机构之间进行合作，以发挥"群体效应"，政府对这种合作下进行开发的项目予以资金补助。

（3）联合周边国家制定统一的环境治理政策。鲁尔工业区空气质量的进一步改善还得益于欧共体的统一环境政策。由于空气是流动的，人们意识到空气净化不是一个国家的问题，防治大气污染需要国际合作。1979年，《关于远距离跨境大气污染的日内瓦条约》为区域大气污染控制作出规定。20世纪80年代初，欧共体制定了更严格的污染物排放限值，不再只针对周边大气的污染物浓度，而是直接针对废气本身。1988年，鲁尔工业区80%的发电厂安装了烟气净化设备，规定不符合排放标准的发电厂在1993年之前全部关闭。1999年，欧洲国家以及美国和加拿大共同签署了《哥德堡议定书》，要求共同缩小排放规模。自2005年1月1日起，德国实行统一的欧盟排放标准，粒径小于10微米的可吸入颗粒物年平均值应低于每立方米40微克，日平均值应低于每立方米50微克。日平均值高于该值的情况，每年不得超过35天。2010年德国将欧盟关于$PM_{2.5}$的规定引入本国，争取2020年将$PM_{2.5}$年平均浓度降至每立方米20微克以下。

（4）建立空气监测网络和预警响应机制。德国建立了包括鲁尔工业区在内的全德空气质量检测站点，一旦某地区超标，当地州政府就与市、区政府合作，根据当地具体情况出台一系列应对措施，包括对部分车辆实施禁行或者在污染严重区域禁止所有车辆行驶，限制或关停大型锅炉和工业设备，限制城市内的建筑工地运作，避免燃烧木头、焚烧垃圾等行为，控制非生活必须工业产品生产。截至目前，德国联邦和各州共设有 643 个空气质量监测站点，这些监测站点各有分工，形成了一个完整的空气质量监测网络。其中，联邦环保局的监测站点有 7 个，选址远离城乡地区，主要负责按国际公约和欧盟法律来监测未受人类生活影响的空气质量状况，各联邦州的空气质量监测站点在城乡地段按层次进行布局。德国各地监控网点的监测数据在网上一目了然，每个人都可以在网上了解到当日和近日空气质量，包括可吸入颗粒物、一氧化碳、二氧化硫、二氧化氮和臭氧等具体指标，并可预测未来几天的空气状况。

（5）积极开展环保宣传和环保教育。呼吁民众节能减排，使用节能家电。在家不要乱烧树叶和木头，选择节能减排的采暖方式如天然气集中供暖，出行多搭乘公共交通或骑车，主动选择使用可再生能源，私家车尽量选择排量小、污染小的车辆等，尽量减少因为生活方式等原因造成的有害气体和颗粒物排放。坚持不懈的环保教育，使公民的环保意识不断增强。德国联邦环境部公布的民调显示，92% 的德国人认为环境保护很重要，87% 的人表示由于担忧下一代的生存环境，环保必须从自己做起。

3. 鲁尔工业区大气污染治理经验

（1）长期规划，分阶段有重点地持续推进。德国把大气污染治理作为一项长期的任务，根据不同发展阶段导致雾霾出现的不同污染源，有针对性地采取相应的措施，并持之以恒地加以推进。20 世纪 60 年代主要消除煤烟和大颗粒粉尘；70 年代重点减少空气中二氧化硫的含量；80 年代重点治理由氮氧化物、碳氢化物、臭氧和重金属等空气污染物引起的光化学烟雾等污染；自 90 年代中期以来，重点整治微小颗粒物。20 世纪末德国雾霾问题才得以真正解决，为了避免出现反弹和各种新的情况，德国政府持续制定并出台了许多创新举措。

（2）制定标准，强化系列行动计划。德国政府在依靠行政手段控制大气污染方面的一个重要策略是制定空气质量标准，限制排放源的排放和建立总的排放限值。在此基础上，制订广覆盖、约束性强、符合地方实际的一系列行动计划，包括全面考虑各种污染因素如燃料质量和原料；制定跨境大气污染管制政策，中央与地方共同合作制订符合各自地方实际情况的清洁空气行动计划等。

（3）通过高投入促进治理地区实现转型。德国政府为了使鲁尔工业区重现碧水蓝天，过去50年在环保和转型方面花费巨大。例如，针对鲁尔工业区的煤炭价格补贴，1996—1998年，联邦政府给予主营煤炭业的鲁尔集团的补贴分别为104亿马克、97亿马克和85亿马克；在关闭污染企业、解决失业问题、治理污水、集中整治土地等方面也投入了大量资金，其中仅在推动鲁尔工业区生态和经济改造的"国际建筑展埃姆舍公园"（IBA）计划过程中，从1991—2000年就耗资超过800亿欧元。

（4）注重追求大气污染治理的实效。德国早期治理鲁尔工业区污染时曾采取将高污染企业向发展中国家或不发达地区转移，以及加高烟囱降低当地空气中的污染物浓度数值的措施，结果导致污染转移，特别是加高烟囱导致半个欧洲出现酸雨。总结吸取过去的教训，德国大气污染治理重点是有针对性地减少和避免大气污染物质对人类健康和环境造成有害影响，直接针对污染源本身来限制和采取措施，不寄希望于转移污染排放或片面追求个别地区的大气污染物浓度数值达标。因此，大气污染治理取得了实实在在的效果。

（5）重视科技在治理大气污染中的支撑作用。在不断推进大气污染治理的过程中，德国非常重视科技的应用，包括不断加强空气净化处理等技术，切实加强分析研究大气污染的源头，应用各种现代化的检测手段实时在线监测污染源等。由于在执行环保法规方面不打折扣，企业治理污染尽可能通过利用先进技术来实现环保达标，因为超标排污交的罚款要远远高于企业自身进行环保治理的费用。

（五）法国巴黎大气污染治理经验

在过去几十年中，法国巴黎虽然没有出现灾难性的大气污染事件，但也一直为大气污染所困扰。特别是在2013年12月，大巴黎地区和罗纳—阿尔卑斯大区连续多日空气污染指数大幅超标。为治理大气污染，无论法国中央政府还是巴黎地方政府都出台了多项措施。

1. 巴黎大气污染治理历程

法国是世界上能源结构相对合理的国家之一，巴黎市的主要能源依靠核能，故煤烟型污染几乎已完全清除。巴黎的大气污染来源主要是过多的机动车辆。根据 2010 年每日大气污染指数，巴黎和北京的汽车保有量几乎相等，巴黎约 500 万辆，北京约 480 万辆。需要指出的是，巴黎私人拥有的柴油车数量已由 2002 年的 41% 增加到 2012 年的 63%；货车数量同期也有所增加，大部分配备的都是柴油发动机。21 世纪初以来，巴黎的空气质量时好时坏，其城市大气污染对人的身体健康的危害日趋严重，患呼吸道疾病和其他疾病的人数明显增多。2013 年 12 月，大巴黎地区连续多日大气污染指数大幅超标，成为 2007 年以来巴黎污染情况最为严重的一次。不仅在巴黎，2013 年法国 15 个城市市区大气中微粒物指标超过欧盟标准上限，因此法国将面临欧洲法院起诉，更可能面临数亿欧元的罚款。

巴黎市民和政府对大气污染的认识，是伴随着问题的严重性一步步深化的。在 20 世纪 90 年代，法国政府把大气污染的程度分为 10 级，1995 年 6 月 30 日，巴黎测得污染程度达到创纪录的 7 级（严重污染），这让巴黎人很震惊。但巴黎市政府并不重视大气污染的监测，对于实施应对措施也是疑虑重重。在一些环保组织的牵头和努力下，巴黎市民对政府进行了问询。在公众的压力之下，1996 年，法国国会通过《防治大气污染法案》，提出要加强对空气质量的监测，消除工业污染源，根据污染情况限制出行等。此后，为了治理巴黎等城市的大气污染，一方面法国中央政府在国家层面出台了一批法律法规和行动计划来促进节能减排和改善空气质量，另一方面巴黎地方政府根据当地的实际特点实施了一些个性化的治理措施，最终使情况得以好转。

2. 巴黎大气污染治理措施

（1）出台专门法律法规。在 1996 年出台的《防治大气污染法案》的基础上，法国政府于 2010 年颁布了《空气质量法令》，规定了 $PM_{2.5}$ 和 PM_{10} 值浓度上限，可吸入颗粒物 1 年内超标天数不得多于 35 天。为了推动节能减排，法国于 2007 年推出"环境问题协商会议"，提出到 2020 年为节能减排、促进可持续发展方面投资 4 000 亿欧元。在降低建筑能耗和减少污染方面，法国出台了新版的《建筑节能法规》，规定从

2013年1月起，对所有新申请的建筑必须符合年耗能的限制进行了大幅调整，对于耗能巨大、污染较重的老建筑，也将逐步分批获得改造。

（2）针对改善空气质量实施专门的行动计划。法国正在实施的旨在改善空气质量的行动计划有三个。一是颗粒减排计划。2011年，基于"Grenelle环境会议"框架，法国中央政府出台"颗粒减排计划"，在工业、服务业、交通业、农业等各领域建立了一系列长效机制，减轻可吸入颗粒物对民众健康的影响和对环境的污染，力争到2015年使可吸入颗粒物在2010年的基础上再减少30%。截至2012年底，该计划已有40%的措施实施，另有50%的措施正在实施过程中，剩下的10%正在制订。二是空气质量紧急计划。针对2011年推出的"颗粒减排计划"中的不足，2013年法国政府审核通过了"空气质量紧急计划"，该计划重点聚焦交通工具的减排问题，针对可吸入颗粒物和二氧化氮等污染物，制定了5个方面、38项具体应急措施。如鼓励发展多种运输形式和清洁交通，在大气污染严重区域限制机动车流量，减少工业和居民生活燃料的排放，采用车辆税收等调节手段改善空气质量，加强宣传和交流进而改变公众的一些不良的日常行为习惯等。三是空气保护计划。该计划是由各地方政府针对各地区的不同情况，为改善或保持本地的空气质量，根据中央政府的"空气质量紧急计划"而制定的相关措施。要求城市常驻居民超过25万人和污染指数超标的地区必须制订"空气保护计划"。其主要内容包括降低城市内快速道的限速、降低一些燃料机器的排放值、强化对工业污染物排放的检查力度等。全法目前已有38个空气保护计划在规划中或已实施，覆盖地域广。

（3）加强对巴黎地区$PM_{2.5}$排放的科学研究与监测。2011年，在法国科学院大气系统实验室的主持下，多国参与的研究团队对2009—2010年巴黎地区的$PM_{2.5}$情况进行了综合研究。该项目利用地面、高空及遥感监测手段，应用法国国家空气质量模型CHIMERE（现为欧盟空气质量预报模型），针对$PM_{2.5}$特别是有机颗粒物，对污染源进行解析，定量一次污染和二次污染，细化了局部和区域污染以及人为和自然污染，重新整理了巴黎$PM_{2.5}$的排放源清单。为了加强对$PM_{2.5}$排放的监测，巴黎加强了空气监测站的建设。目前，大巴黎地区内共有50个自动空气检测站点，还安装有大量可移动检测仪，所有检测结果一律于6

小时内公开发布。

（4）鼓励市民"低碳"出行。为减少城市温室气体的排放量，巴黎实施了一系列公共交通工程以解决汽车污染问题。例如，开辟自行车车道，提倡人们骑自行车，推行"自行车城市"计划，为市民提供几乎免费的自行车租赁服务，让更环保、占用道路场地资源更少的交通工具发挥更大的作用；开展"无车日"活动；将巴黎的车辆逐步改换为电动车或浓缩天然气汽车；拓展地铁和增开公共汽车线路，完善公交覆盖网，并拟恢复有轨电车。此外，巴黎还针对三大主要排放源（车辆、供暖和工业）实施了欧盟标准，减少了24%的氮氧化物排放和45%的微小颗粒物排放。

3. 巴黎大气污染治理经验

（1）加强大气污染防治的法制建设。法国针对大气污染防治出台了多项法律法规和专项行动计划，为治理大气污染提供了坚实的法律保障。此外还出台了具有法律约束力的大气污染应急行动方案，对大气污染严重时的工业生产、居民生活、交通出行等方面的限制作出了明确规定，并建立信息发布系统，及时发布有关信息。

（2）改善公共交通，鼓励使用清洁能源交通工具。汽车的尾气排放是巴黎大气污染的主要来源，所以，巴黎大气污染的防治重点在降低汽车能耗与排放上。一方面积极发展公共交通，拓展公交汽车和地铁的覆盖面；另一方面鼓励市民使用清洁能源交通工具。为了刺激电动车和混合动力车的销售，法国政府为民众购置新车提供每辆高达数千欧元的补贴。

（3）加强对大气污染源的科学研究和监测体系建设。大气污染源的确定是开展大气污染治理的前提。法国重视这方面的研究。2011年由法国科学院大气系统实验室主持的对巴黎地区$PM_{2.5}$情况的综合研究，是全球首次开展的以中纬度发达国家大都市$PM_{2.5}$为研究对象的系统研究工作，为巴黎的大气污染治理提供了科学依据。此外，为加强大气污染监测的全面性，推进了对大气污染监测站和大气污染信息发布系统的建设。

三、世界各国雾霾防治经验对我国的启示

改革开放以来，中国经济持续快速增长，工业化和城镇化全面加

速。由于经济持续增长与经济规模扩大、消费扩张及消费方式改变、人口增长等各种因素对资源消耗和污染排放的增加，环境问题日趋严重。虽然我国在改革开放之初就对环境问题有所重视，并提出不走发达国家"先污染后治理"的老路，但最终也未能摆脱"库兹涅茨曲线"所揭示的环境与发展演变的规律，在很大程度上重蹈了西方国家的覆辙。

2010 年 5 月，国家环境保护部、国家发展和改革委员会等部门针对近年来我国一些地区酸雨、灰霾和光化学烟雾等区域性大气污染问题日益突出，严重威胁群众健康，影响环境安全问题，下发了《关于推进大气污染联防联控工作改善区域空气质量的指导意见》。发达国家大气污染联防联控的经验给了我们以下几点启示。

（1）树立联防联控理念，建立跨区域管理组织，增强责任意识和合作意识。

树立联防联控的理念。大气污染治理不是单某一个城市、某一个地区乃至某一个国家努力就能够实现的。西方发达国家在经历了沉痛的教训之后，深刻懂得了这个道理，于是采取签订共同遵守的条约或制定共同遵守的法律等形式，实施跨城市、跨地区、跨国乃至跨州的区域联防联控措施治理大气污染。在中华文明的历史长河中，人与自然的关系一直被视为"天人关系"，倡导"天人合一"的和谐理念。改革开放以来，一些地方和企业在追求经济增长速度和物质财富进步的过程中，忽略了人的精神、道义、美德等崇高价值，在物质和精神之间出现了严重的分裂与失衡。从某种意义上说，中国生态环境危机实质上是人的精神危机，环境问题实质上是生态伦理道德问题。只有唤醒人们的生态意识，培育人们热爱生命、热爱自然、与自然和谐相处的内在情感，才能正确认识和处理人与自然的关系；只有具备高尚的道德才能自觉遵循保护环境的行为准则，主动履行对自然的道德责任和义务。因此，推动区域联防联控的内在动力是人们正确的环保理念的确立。

建立联防联控的区域管理机构。由于空气污染是跨界的，受地理环境、上下游关系等影响，一座城市仅凭一己之力是无法做好空气污染治理工作的，必须打破行政区划限制，实行区域联防联控，而要保证联防联控取得实效，必须建立具有权威性的区域管理主体。美国加利福尼亚州是有效实施大气污染区域联防联控的典范，1946 年美国第一个空气污染控制区设在洛杉矶，最初解决空气污染的方法是在洛杉矶及其邻近区域内召开非正式会议，对各行政区的政策进行协调，以期控制空气污染。事实证明，这个方法并不理想。在这个过程中，人们逐渐认识到空气污染的流动性，一个行政区的努力根本就很难奏效，必须要有一个跨越行政区域并拥有指令权的机构来负责管理区域空气污染问题。在多次讨论和研究后，1976年，在美国议会和州长的授权下，加利福尼亚州创设了南海岸空气质量管理区。加利福尼亚州南海岸空气质量管理区由一个12人组成的委员会领导，其中州政府代表3个，其他9个委员由各县和部分规模较大的城市代表组成，有的城市市长亲自参加。同时还设有南加州政府协会和加利福尼亚州空气资源委员会。加利福尼亚州南海岸空气质量管理区对制定空气标准负主要责任，在对区域空气质量管理方面发挥重要作用。加利福尼亚州的经验表明，设立一个跨行政区域的、独立的、专门的权威机构，对于综合治理空气污染至关重要。目前我国的大气污染一体化综合治理还没有这样一个机构。因此，国家有必要建立一个统一协调管理大气污染防治工作的领导机构，统一负责全国大气污染治理的相关工作，如制定全国细颗粒物、二氧化硫、氮氧化物、挥发性有机物等污染物的控制对策，以及对能源结构、产业结构、产业布局、城市发展的规划调整等，并赋予相应的执法权和监督权，以保证实现《关于推进大气污染联防联控工作改善区域空气质量的指导意见》中提出的"五统一"（统一规划、统一监测、统一监管、统一评估、统一协调）的总体要求。从发达国家的实践经验看，建立新型的组织保障机制是大气污染治理区域一体化能否顺利实施的关键。要增强合作意识和责任意识。各级政府和每一家企业，都要从保护好区域内大气环境、提升环境质量的大局出发，紧密配合，通力合作，克服地方保护主义和片面追求经济效益的错误做法。

　　日益严重的雾霾侵袭着每一个人的健康，保护环境涉及每一个人的切身利益，也是每一个公民应该履行的责任和义务。国家应对气候变化战略研究和国际合作中心学术委员会主任李俊峰在一次接受记者采访时说："环保的代价不仅是企业、政府的，更多是每一个人的。我们必须为环境保护付出代价。把油的质量做得更好，我们多付一点钱是值得的；为使用清洁的燃气发电，多付几分钱的代价是应该承受的。"区域联防联控要求每一个公民都要积极参与，既要参与空气质量标准和政策措施的制定，也要参与实施过程和结果的监督。同时，做到从我做起，从一点一滴做起，共同营造家园的美好蓝天。政府要为公民参与创造便利条件。

（2）加强立法执法，促进信息公开，为联防联控提供法律保障。

通过加强立法保障污染治理的有效实施，同时严格依法行政，严肃查处环境违法行为，实行严格的执法责任制和过错追究制是发达国家的重要经验。中国环境保护的立法进程明显滞后于经济社会发展，而且环境立法缺乏系统性、协调性，加上环境执法不严，甚至环境法律在某些地方形同虚设。为此，需要学习借鉴西方国家环境立法经验，立足于中国实际，按照可持续发展原则、预防污染和有效控制跨界污染原则，水、大气、固体废物等污染综合控制原则，公众参与原则，以及环境与经济综合决策原则等，加快建立健全各项环境保护法律制度，特别是污染物总量控制、许可证、排污费、环境影响评价、环境审计等方面的环境法律制度，使之更加完备、更加透明、更加公正，并且把污染综合控制和全过程控制作为这些法律制度的基本目标。目前，国家针对全国防控大气污染有了相关意见，但还没有出台专门的法律法规，应在认真总结区域一体化防控大气污染实践经验的基础上，加强区域治理的法律法规建设。同时，鉴于不同地区空气质量状况差异以及开展区域空气污染防治紧迫性的不同，可以鼓励各区域根据实际情况在中央政府的指导下进行探索性政策创新，鼓励区域管理机构和地方政府出台相关法律性、政策性文件，为区域治理提供保障。地方政府的创新，还可以对中央政府制定更大范围的政策法律提供经验。例如，美国加利福尼亚州创新性的空气质量管理计划的制订和实施，明显影响了联邦政府《清洁空气法》的制定。

世界各国的经验表明，加强空气质量监测，推进环境信息公开，鼓励公民参与，对提高环境公共治理绩效至关重要。建立空气质量监测网络是治理雾霾的一项重要的基础性工作。在这方面我国存在严重的不足。以北京为例，目前北京已建成 27 个环境空气质量自动监测子站。据统计，北京约为 16 410 平方千米，大伦敦城约为 1 577 平方千米，伦敦面积不到北京面积的十分之一，而环境监测站的数量近乎是北京的 4

倍。美国洛杉矶城约为 1 290 平方千米，也拥有 37 个大气环境监测子站。洛杉矶空气污染监测数据 24 小时实时在网上发布，公众随时可以查看。污染检测数据的及时、公开发布，促进了公众环保意识和参与程度，对排污企业构成了强大压力，极大地推动了空气污染的治理，增强了监管机构的权威。因此，要完善区域空气质量监管体系，提高空气质量监测能力，增加区域空气质量监测点位，完善空气质量信息发布制度，实现区域监测信息共享。公众参与是治理雾霾的社会基础。对此，要采取多种形式动员和引导公众参与区域大气污染联防联控工作，建立和完善知情制度、听证会制度、监督制度、公诉制度、环境信息公开制度，规范环境信息公开的主体、内容、方法以及责任，明确公众获取环境信息的法律程序、途径和方式，为公众参与和进行法律诉讼开辟有效渠道。

（3）加大科技投入，强化市场参与，调动各领域积极性。

发达国家在治理空气污染的过程中，科学技术发挥了关键性作用。英国政府鼓励企业采用大气污染控制技术改革生产工艺，优先采用无污染或少污染的工艺，使大气环境质量达到标准。除通过攻克关键技术，实现治污目标和产业突破外，科学技术更重要的意义在于通过科学研究为国家宏观决策提供可靠的依据。决策越科学，可执行性就越强，政策就更可能取得较好的效果。在没有认定主要空气污染源的 1943—1950 年，美国加利福尼亚州政府因缺乏对大气污染的认识作出了关闭当地军工厂等错误决策，并延误了宝贵的治理时机，不仅造成巨大的经济损失，还加剧了空气污染对居民造成的损害。后来，加利福尼亚州空气资源局的重要使命之一，就是研究空气污染原因及应对方案。因此，为应对区域内大气污染机理的复杂性与控制对策的复杂性，科学研究应有效地支撑管理决策，而管理决策应以科学研究为依据。这就要求充分利用有关机构的环境科研力量，建立国家级环境科研合作平台。借鉴发达国家的经验，国家级大气科学研究机构可以设置污染源清单组、监测组、模型组、信息组与评估组，通过加强对大气复合污染机理的研究，建立多污染物的动态污染源清单，在此基础上制订我国城市的污染物削减分配方案。在技术支撑方面，应组织力量对烟气脱硝、有毒有害气体治理、洁净煤利用、挥发性有机污染物和大气汞污染治理、农村生物质能开发等方面进行技术攻关，加大细颗粒物、臭氧污染防治技术示范和推广力度，加快高新技术在环保领域的应用，推动环保产业发展。

发达国家环境问题得到较好解决的一个重要原因是其有一个比较稳定的政府投入机制予以保障。与之相较，我国环境财政支出经历了一个曲折艰难的发展过程，直到 2006 年，环境保护才以"节能环保"科目成为中央和地方的一个独立的支出类别，但环境财政支出杯水车薪，其规模与我国经济发展水平、财政收支规模以及环境公共治理的客观需求极不相称。这种局面对正处于环境问题叠加式爆发的中国来说，必须迅速加以改变。特别是对于重点污染区域，中央和区域内各级政府要加大资金投入力度，推进重点治污项目和大气环境保护基础设施建设。在加大政府投入的同时，要注重利用市场手段。目前我国环境公共治理的手段还比较单一，且过分依赖关停并转、处罚等行政性手段，实践证明，仅靠行政命令、检查和处罚难以达到可持续的环境保护目标。相反，发达国家利用经济手段鼓励节能减排的成功案例则屡见不鲜。日本等发达国家环境保护的资金来源除政府直接补贴外，还包括排污收费、环保税收、环境基金等。自从美国正式提出排放量交易制度后，目前发达国家均开始尝试通过排放权交易制度促进市场对大气污染的调节。我国大气污染治理手段应趋于多元化，并且应当更加注重市场机制。例如，明确资源和环境的产权，征收环境税费，广泛使用排污许可证，利用市场机制建立专门的"区域大气环境保护基金"，发展完善碳排放权交易市场等。

（4）优化产业发展规划，合理调整产业结构，转变经济增长方式。

在西方发达国家中，同样工业化程度较高的德国却很少出现雾霾天气。虽然鲁尔工业区出现过严重的空气污染事件，但从总体上看，德国的环境压力比较小。其中一个重要原因就是德国的发展规划比较科学合理。以城市发展布局为例，德国 10 万人口以上的城市共 82 个，其中超过 100 万人口的城市只有 3 个，最大的城市柏林，人口也只有 338. 67万人。众多城市的人口数量都在 30 万以下。从企业和事业单位的分布来看，一些世界著名的企业、科研院所和大学等，都分部在中小城镇。这种布局，不仅减小了环境压力，而且减小了公共安全压力。德国制订发展规划最大的特点，首先是坚持"以人为本"，规划的最终目标是实现全体民众生活水平的不断提高和社会收入分配的相对公平，发展的含义更多指自然资源得到有效保护和合理利用，生态群落更加多样化，环境和景观更加适宜民众生存。其次是重视区域协调均衡发展，力图为全国的所有区域创造相对平等的发展机会和发展环境。目前，我们国家正在着手制订"十四五"发展规划，德国的经验值得我们借鉴。例如，适度限制大城市规模的无限扩张，鼓励中小城镇的发展，特别是欠发达地区中小城镇的发展；在产业布局上，多为中小城镇发展支柱产业创造条件；在产业转移上，要严格环境监管，防止污染转移，确保产业转入地的环境安全等。

日本从 20 世纪 50 年代的"产业优先"到 20 世纪 80 年代的"环境保护与经济发展同等重要"，再到 21 世纪的"环境保护先行"和"环境立国"，大致经过了 50 年的时间。我国自改革开放以来的经济快速发展期，经济的增长方式是粗放式的，即以 GDP 和财政收入为导向，以高投资、高出口、高资源能源消耗、低土地成本和劳动力成本为路径。从日本的经验看，我国应加快转变经济增长方式，走可持续发展之路，这也是我国治理大气污染的治本之策：一方面，各级政府要把可持续发展作为环境保护的核心价值，通过环境教育、文化导向、舆论引导、伦理规范、道德感召等，唤醒企业和民众的环境保护意识，真正将环境保护意识全面贯穿到经济社会发展和人们的日常生活之中；另一方面，要通过技术进步、结构升级、法制约束、社会规范等，大力推动经济增长方式转型。

（5）建立长效机制，保障治理成果的可持续性。

世界各国从遭受污染痛下决心治理，到治理初见成效，通常需要几十年的时间。从 1943 年算起，洛杉矶这个"美国空气污染之都"，尽管投入巨额资金、巨量资源、巨大努力，进行了人类有史以来最长时间、最大规模的污染控制实践活动，直至今天，空气质量虽有了翻天覆地的改变，但相比之下，洛杉矶的污染指数仍高居美国各大城市之首，由此可见污染控制的艰巨性。为此，我国对大气污染治理的长期性特点要有足够的认识，不能寄希望于"毕其功于一役"。在 2008 年北京举办奥运会时，就曾经与天津、河北、山西、内蒙古和山东等周边省市、自治区开展空气污染治理协商，根据北京市的空气质量状况对这些地区的能耗进行适当限制，最直接的做法就是停工停产。北京奥运会前后，空气质量确实得到了短暂提升。世博会期间的长三角地区、亚运会期间的珠三角地区，也采取过类似的措施，在一定程度上改善了这些地区的空气质量。但是，短期的停工停产并不能够成为防治空气污染的长远出路，只有建立和完善跨省区域的协作制度、落实责任，才能实现联防联控。

世界各国政府均将治理空气污染作为一项长期的任务，根据不同发展阶段导致出现不同的污染源，有针对性地采取相应的措施，并持之以恒地加以推进。因此，我国在推动雾霾治理的过程中，应将其作为一项长期而艰巨的工作，制订长期的治理战略和计划，建立完善的治理机制，有步骤、分阶段地有效推进治理工作的开展。而且，即使在治理取得一定成效的情况下，也要采取巩固措施保障治理的可持续性。

参考文献

［1］林伯强．发达国家雾霾治理的经验和启示［M］．北京：科学出版社，2015．

［2］徐帮学．远离雾霾毒害，你该怎么办？［M］．北京：化学工业出版社，2015．

［3］王旅东，刘洋．远离雾霾［M］．北京：化学工业出版社，2020．

［4］蔡向红．雾霾里的生存智慧：$PM_{2.5}$自我防护手册［M］．北京：科学技术文献出版社，2016．

［5］孙华臣．雾霾防治与经济结构优化路径："鱼"和"熊掌"何以兼得［M］．北京：社会科学文献出版社，2015．

［6］吴志功．京津冀雾霾治理一体化研究［M］．北京：科学出版社，2015．

［7］张小曳，孙俊英，王亚强，等．我国雾霾成因及其治理的思考［J］．科学通报，2013，58（13）．

［8］孙华臣，卢华．中东部地区雾霾天气的成因及对策［J］．宏观经济管理，2013（6）．

［9］谢玮．全球治霾60年对中国的启示［J］．中国经济周刊，2014（2）．

［10］汤伟．雾霾治理研究与国外城市对策［J］．城市管理与科技，2014（1）．

［11］刘海英．伦敦治理雾霾的措施和经验［N］．科技日报，2014－01－19．

［12］王传军．洛杉矶治理雾霾50多年［N］．光明日报，2014－04－20．

［13］张静．英国低碳经济政策与实践及对中国的启示［D］．上海：华东师范大学，2012．

［14］李蔚军．美、日、英三国环境治理比较研究及其对中国的启

示——体制、政策与行动［D］. 上海：复旦大学，2008.

［15］洛杉矶、伦敦、巴黎等城市治理雾霾与大气污染的措施与启示［EB/OL］. （2014 – 03 – 03）［2021 – 01 – 15］. http：//scitech. people. com. cn/n/2014/0303/c376843 – 24514255. html.

［16］德国鲁尔工业区治理雾霾的措施与启示［EB/OL］. （2015 – 02 – 11）［2021 – 01 – 16］. http：//www. 360doc. com/content/15/0211/22/21685599_448007647. shtml.